内 容 简 介

本书介绍综合运用现代化生态技术和工程的方法对菌物群落结构和资源环境进行优化，构建产出多样、生态和谐、经济高效、社会服务完善的菌物生产体系和生态开放系统。全书共分6章：第1章绪论、第2章生态菌物栽培技术、第3章生态菌物与资源循环、第4章生态菌物的循环生产模式、第5章生态菌物产业的综合效益、第6章生态菌物产业发展存在的问题及其对策。

本书可作为农业工作者，农业产业化龙头企业管理人员和技术人员，有一定文化的农民和大专院校相关专业学生的学习参考用书。

图书在版编目（CIP）数据

生态菌物研究与展望 / 李玉，李长田著. —北京：龙门书局，2024.3
（生态农业丛书）
国家出版基金项目
ISBN 978-7-5088-6381-8

Ⅰ. ①生…　Ⅱ. ①李… ②李…　Ⅲ. ①生态工程－应用－菌类植物－研究　Ⅳ. ①Q949.329

中国国家版本馆 CIP 数据核字（2023）第 253326 号

责任编辑：吴卓晶　武仙山 / 责任校对：赵丽杰
责任印制：肖　兴 / 封面设计：东方人华平面设计部

科 学 出 版 社
龍 門 書 局 出版
北京东黄城根北街 16 号
邮政编码：100717
http://www.sciencep.com
北京中科印刷有限公司印刷
科学出版社发行　各地新华书店经销
*

2024 年 3 月第 一 版　开本：720×1000 1/16
2024 年 3 月第一次印刷　印张：11 1/2
字数：230 000

定价：129.00 元
（如有印装质量问题，我社负责调换）
销售部电话 010-62136230　编辑部电话 010-62143239（BN12）

生态农业丛书

国家出版基金项目
NATIONAL PUBLICATION FOUNDATION

生态菌物研究与展望

李 玉 李长田 著

科学出版社
龍門書局
北 京

生态农业丛书
序　言

　　世界农业经历了从原始的刀耕火种、自给自足的个体农业到常规的现代化农业，人们通过科学技术的进步和土地利用的集约化，在农业上取得了巨大成就，但建立在消耗大量资源和石油基础上的现代工业化农业也带来了一些严重的弊端，并引发一系列全球性问题，包括土地减少、化肥农药过量使用、荒漠化在干旱与半干旱地区的发展、环境污染、生物多样性丧失等。然而，粮食的保证、食物安全和农村贫困仍然困扰着世界上的许多国家。造成这些问题的原因是多样的，其中农业的发展方向与道路成为人们思索与考虑的焦点。因此，在不降低产量前提下螺旋上升式发展生态农业，已经迫在眉睫。低碳、绿色科技加持的现代生态农业，可以缓解生态危机、改善环境和生态系统，更高质量地促进乡村振兴。

　　现代生态农业要求把发展粮食与多种经济作物生产、发展农业与第二三产业结合起来，利用传统农业的精华和现代科技成果，通过人工干预自然生态，实现发展与环境协调、资源利用与资源保护兼顾，形成生态与经济两个良性循环，实现经济效益、生态效益和社会效益的统一。随着中国城市化进程的加速与线上网络、线下道路的快速发展，生态农业的概念和空间进一步深化。值此经济高速发展、技术手段层出不穷的时代，出版具有战略性、指导性的生态农业丛书，不仅符合当前政策，而且利国利民。为此，我们组织编写了本套生态农业丛书。

　　为了更好地明确本套丛书的撰写思路，于 2018 年 10 月召开编委会第一次会议，厘清生态农业的内涵和外延，确定丛书框架和分册组成，明确了编写要求等。2019 年 1 月召开了编委会第二次会议，进一步确定了丛书的定位；重申了丛书的内容安排比例；提出丛书的目标是总结中国近 20 年来的生态农业研究与实践，促进中国生态农业的落地实施；给出样章及版式建议；规定丛书撰写时间节点、进度要求、质量保障和控制措施。

　　生态农业丛书共 13 个分册，具体如下：《现代生态农业研究与展望》《生态农田实践与展望》《生态林业工程研究与展望》《中药生态农业研究与展望》《生态茶业研究与展望》《草地农业的理论与实践》《生态养殖研究与展望》《生态菌物研究与展望》《资源昆虫生态利用与展望》《土壤生态研究与展望》《食品生态加工研究与展望》《农林生物质废弃物生态利用研究与展望》《农业循环经济的理论与实践》。13 个分册涉及总论、农田、林业、中药、茶业、草业、养殖业、菌物、昆虫利用、土壤保护、食品加工、农林废弃物利用和农业循环经济，系统阐释了生态农业的理论研究进展、生产实践模式，并对未来发展进行了展望。

　　本套丛书从前期策划、编委会会议召开、组织撰写到最后出版，历经近 4 年的时间。从提纲确定到最后的定稿，自始至终都得到了李文华院士、沈国舫院士和刘旭院士等编委会专家的精心指导；各位参编人员在丛书的撰写中花费了大量的时间和精力；朱有勇院士和骆世明教授为本套丛书写了专家推荐意见书，在此一并表示感谢！同时，感谢国家出版基金项目（项目编号：2022S-021）对本套丛书的资助。

　　我国乃至全球的生态农业均处在发展过程中，许多问题有待深入探索。尤其是在新的形势下，丛书关注的一些研究领域可能有了新的发展，也可能有新的、好的生态农业的理论与实践没有收录进来。同时，由于丛书涉及领域较广，学科交叉较多，丛书的撰写及统稿历经近 4 年的时间，疏漏之处在所难免，恳请读者给予批评和指正。

生态农业丛书编委会

2022 年 7 月

前　言

　　菌物与人类的生产生活息息相关，在自然界物质和能量循环中起着极为重要的作用。菌物在生态系统中的作用越来越受到专家、学者的重视。生态菌物是在特定自然环境下与该环境中的其他生物体及非生物因素相互作用，对生态系统的建立、演替、稳定、物质循环和能量流动具有重要影响，并被人类开发利用以提高经济效益、社会效益、生态效益的一类菌物群体。菌物为人类提供了许多食物和生产、加工原料，也与其他生物一起构成人类生存与发展的生物环境。近 10 年，我国在生态菌物方面的研究成果集中体现在菌物的物种多样性研究、菌物物种保护研究、菌物与人类活动及环境变化关系研究，如对嗜盐和耐碱性嗜盐、嗜热和耐低温菌物等极端环境下的菌物，热带菌物，土壤、地下菌物，海洋菌物，大气菌物，宇航菌物及病原菌物等的研究。

　　菌物分类是生态菌物研究的基础。如果不做菌物系统分类研究，则难以解析菌物在生态系统中的功能及应用等问题。菌物的生活习性、子实体形成条件比较特殊，相对动植物研究来说，其研究工作有很多困难。例如：菌物大都生长在崇山峻岭、人迹罕至的密林深处，大量菌物物种无法从生态系统中分离出来进行培养，因此无法对它们进行全面认识、命名和研究；人们对多数菌物子实体的形成条件不熟悉，有些菌物的子实体不易保存，保存于菌种库的活体菌种（肉眼可见的菌落、在显微镜下可见的菌丝和孢子）难以再现其生长在自然界的菌物原型。以上原因使菌物物种多样性方面的研究面临比较特殊的困难。加上我国生态菌物研究没有得到足够的重视，导致我国生态菌物方面的研究发展较慢。广泛深入地开展对生态菌物的研究，无论是在理论还是在实际需求上都有重要的意义。

　　本书的内容旨在构建生态菌物生产体系和生态开放系统。全书共分 6 章：第 1 章、第 2 章由李玉撰写，第 3～6 章由李长田撰写。

　　从生态层面对菌物进行研究，目前我国还处于起步阶段，有待更深入研究。作者在撰写本书的过程中，得到了食用菌领域相关单位和专家的大力支持和帮助。希望本书可以为生态菌物产业的发展提供一定的基础支撑，也希望各位专家和学者对本书内容进行完善补充、批评指导，为生态菌物产业的发展贡献力量！

作　者

2023 年 3 月

目 录

绪　论

　　随着生态环境的恶化，环境问题越来越受到世界各国关注。习近平指出，推进农业绿色发展是农业发展观的一场深刻革命，也是农业供给侧结构性改革的主攻方向（农业部, 2017）。生态环境是我国可持续发展的关键。我们应坚持绿色生态导向，推动可持续发展，强调绿水青山就是金山银山，强调良好的生态环境是人类的宝贵财富。如果生态环境不断"欠账"，就会产生恶性循环，影响可持续发展。中国是一个农业大国，因此生态环境是直接关系国计民生的大事。党的十九大报告首次将"美丽"确定为我国社会主义现代化建设的重要目标，提出"坚持人与自然和谐共生"等环保理念，尤其强调发展不能以牺牲生态环境为代价，要加大力度发展生态农业。2021 年全国粮食播种面积 176 447 万亩（1 亩≈666.7 平方米），比 2020 年增加 1 295 万亩，增长 0.7%。其中谷物播种面积 150 266 万亩，比 2020 年增加 3 320 万亩，增长 2.2%。因此，加大对生态环境的保护，积极探索农业发展与生态菌物、生态环境、生态结构之间的内在联系，可以走出一条具有中国特色的生态农业可持续发展道路。

1.1　生态菌物简介

　　菌物在自然界物质循环、生态平衡中起着重要的作用，是生态农业的一个重要链节。利用各种工农林业下脚料、各种秸秆和各种动物粪便来栽培菌物，不仅可以保护生态环境、产生经济效益，还可以使有机废物进入食物链，加入生物循环，建立一个多层次的经济生态农业系统。目前，食用菌产业已成为仅次于粮食、蔬菜、果树、油料作物的第五大种植产业，在乡村振兴中发挥着重要的作用。

1.1.1　生态菌物的概念与基本内涵

生态菌物是在特定自然环境下与该环境中的其他生物体及非生物因素相互作用，对生态系统的建立、演替、稳定、物质循环和能量流动具有重要影响，并被人类开发利用以提高经济、社会、生态效益的一类菌物群体。它是一种投资少、能耗低、环境污染小和对生态破坏小的菌类生产经营方式。生态菌物产业以菌物生产为主导，以生态学、生态经济学和可持续发展理论为指导，是保持生物多样性、生态系统稳定性、生产高效性和促进生态系统逐步优化的农业生产体系的重要组成部分。

1.1.2　生态菌物产业的特点

生态菌物产业按照生态经济学原理和系统工程方法构建菌类产业模式，将菌类生产与多种经济作物相结合，将菌类栽培与林业、畜牧业和渔业相结合，将菌物产业与农村二三产业相结合，利用传统经营和现代科学技术，通过人工设计生态工程，协调环境与发展、资源利用与保护之间的关系，达到既满足当代对菌类产品的需要，又不损害后代需求的可持续发展目标。生态菌物产业既不同于传统栽培，又有别于现代化工厂生产，具有以下几个特点。①生态菌物产业以生态学理论为指导，运用系统工程方法，进行菌物生产。②生态菌物产业整合了传统菌物培养和工业化菌物培养的成果，弥补了传统菌物低生产率、高消耗、高污染的缺陷。③生态菌物产业在产业结构上建立与种植业、养殖业和农产品加工业协调发展的菌物生产结构。④生态菌物产业注重经济效益、生态效益和社会效益的统一。

生态菌物产业利用人、菌物与环境之间的能量转换定律和生物之间的共生、互养规律，结合本地资源结构，建立一个或多个"菌业为主、综合发展、多级转换、良性循环"的高效无废料系统。它是生态系统工程的重要组成部分，是建立"植物、动物、菌类"和"无污染、无浪费、无过剩"平衡的重要内容。例如，近年来我国各地推广的多种经营的粮—菌—鱼、果—草—畜—菌、农—菌—牧、家畜—沼气—食用菌—蚯蚓—鸡—猪—鱼等典型的生态循环农业模式，其以食用菌建设为纽带，使畜牧业（主要是养猪）、食用菌生产互相促进，并促进种植业（主要是粮食、水果）的发展。

1.1.3　生态菌物栽培技术的基本内容

生态菌物栽培技术的基本内容如下。①种植菌草治理水土流失、治理荒漠和沙漠的技术。②用菌草作栽培基质，栽培香菇等多种食用菌的技术。③用菌草作栽培基质，栽培灵芝、猴头菇等多种药用菌的技术。④用菌草生产菌物饲料的技术。⑤用菌草栽培食（药）用菌后的废菌料综合利用的技术。⑥用菌草栽培的食（药）用菌的贮藏、保鲜、加工等技术。

通过这一整套技术，将种植业、菌业、饲养业有机结合起来，把菌业生产与环境保护统一起来，形成多次综合利用资源的良性循环。在这个循环中，输入生产物质（菌草），在生产第一种产品后，其剩余物（废菌料）是生产第二种产品（牲畜）的原料，再产生的剩余物（牲畜粪便）则成为生产第三种产品（粮食、菇类、沼气）的原料，循环使用生产物质，直到全部用完。

1.1.4　生态菌物废菌料再利用及循环生产模式

农业循环经济是把可持续发展思想和循环经济理念应用于农业生产经营体系，按照资源—产品—再生资源的物质循环利用和能量流动模式，将清洁生产与废弃物利用融为一体，实现废弃物的减量化、资源化和无害化，将农业经济系统和谐地纳入自然生态系统的物质循环过程中，最大限度地提高农业资源利用效率和整体效益，减少对环境的危害或破坏。生态菌物循环生产模式有以下几种。

（1）作物秸秆—食用菌—菌糠多次循环利用的生产模式。这种模式是将大田作物秸秆、谷物糠麸、棉籽壳和甘蔗渣等作为栽培食用菌的原料，将食用菌菌糠和菌床废弃物作为大田作物的肥料，并根据食用菌与大田作物的生态互补互促关系，采用大田套种或轮作的种植方法。

（2）作物秸秆—食用菌—畜禽—作物生产的循环模式。这种模式是将大田作物秸秆、谷物糠麸、棉籽壳和甘蔗渣等作为栽培食用菌的原料。菌渣可作为作物优质有机肥料，也可作为畜禽饲料。发展养殖业获得的畜禽粪便既可以作为作物有机肥料，也可以与作物的秸秆一起作为食用菌的原料，从而进一步提高农业资源的利用率。

（3）稻—菇—畜相结合的模式。这种模式利用水稻产区的稻草资源，在收获二季水稻后，于冬闲时节在稻田栽培优质食用菌，将菌渣作为稻田的优质有机肥料，培肥地力，减少早稻生产中的病虫害和用药量，降低水稻生产成本。

（4）加工副产品—昆虫—食用菌—作物的循环模式。这种模式利用工农业副产品（如锯末、酒渣、甘蔗渣、豆腐渣、谷物糠麸等）培育昆虫（如蝇蛆）。蝇蛆的蛋白质含量高，可作为优质的动物添加饲料，也可以用于提取几丁质、抗菌肽、凝集素等物质。

另外，还有农作物—食用菌—沼气—有机肥料、作物秸秆—食用菌—蚯蚓—农作物和畜禽—沼气—食用菌—农作物等循环利用模式。

1.1.5　生态菌物产业的综合效益

生态循环产业链是基于科技进步的农业循环经济的典范，符合资源节约型和环境友好型社会的要求，有利于保护生态和生物多样性。利用生态菌物循环生产模式不仅可以增加菌类的营养和安全性，还可以促进人体对粗蛋白质的吸收。生态菌物循环生产技术的应用，为人类开发优质食品、为畜牧业生产优质饲料提供了经济、合理、有效的新途径。生态菌物产业具有投资少、周期短、见效快的特点，有利于大量吸纳农村剩余劳动力和实现乡村振兴，是增加收入、增加食物来源、改善食物营养的有效措施。

1.1.6　生态菌物产业发展存在的问题及策略

生态菌物产业发展存在的问题主要涉及我国人口、资源、环境、技术、政策等方面，如自然环境、社会经济、国家政策、科学技术等。生态菌物产业发展主要依靠大量基础设施的投入。目前投入使用的菇房等基础设施存在数量冗余、产业结构与技术不配套等问题，其发展效益水平较低，无法形成健全的制度体系。生态菌物产业的快速发展需要科技和政策的支持。

我国生态菌物产业发展的策略主要有以下几个方面：一是改变传统的菌物生产观点；二是建立健全相关的法律政策；三是提高生态菌物生产科技水平；四是大力发展生态菌物生产科技，并使生态菌物生产科技得到有效的推广；五是合理利用现有资源。

1.2　生态菌物发展历史

生态菌物源于生态农业，生态菌物是菌物和生态农业的融合。1924 年，鲁道夫·施泰纳（Rudolf Steiner）首先提出"生态农业"的概念；1970 年，美国密苏里大学土壤学家威廉姆·阿尔伯卫奇（William Alberwhich）从土壤的角度对生态农业做了阐述。后来不少科学家开始实践生态农业，如英国萨塞克斯大学农学家沃辛顿（Worthington）认为生态农业是在生态上能自我维持的农业，主张施用有机肥，在自然状态下进行种植、养殖，可以使用农业机械。菲律宾的玛雅农场曾被称为世界生态农业的典范（刘晶, 2016）。

"生态农业"的概念是在 20 世纪 80 年代引入我国的。我国对生态农业的研究是基于我国农业发展的实际情况，是在现代农业可持续发展理念下进行的。从生产系统的角度提出的"生态农业"，体现了农业生物与环境之间的相互关系，与"生态环境"在词义上相关联，其概念具有较强的时代性、系统性和广泛性，因此受到越来越多学者的重视。20 世纪初至今，世界上大多数国家的学者均对生态农业进行了相关研究和试验，使生态农业得到了广泛认同。

第 2 章

生态菌物栽培技术

生态菌物产业以栽培食用菌为主。2020 年，我国食用菌总产量达 4 061.4 万 t（鲜品，下同），占全世界食用菌总产量的 80% 以上，比 2019 年（3 959.9 万 t）增长 2.56%；产值为 3 465.6 亿元，比 2019 年（3 126.7 亿元）增长 10.84%。同时，食用菌产业已经成为我国乡村振兴的新推手，对我国实现助农致富具有重要的推动作用。

2.1　菌种的制备

2.1.1　菌种的选择

选择优良的菌种是生态菌物栽培的前提。退化或者劣质的菌种会极大影响后续的栽培生产，可能导致畸形菇和减产，甚至绝收，给企业和栽培户造成巨大的损失。

1. 优良菌种应具有的特征

（1）菌种通过国家或者地方菌种管理部门的登记和审定，具有国家或者省、部级审定证书，被允许对外销售、推广和生产。

（2）菌种栽培性状稳定，高产、稳产，抗性较好。

（3）菌种菌丝粗壮，生长速度较快，长势较好。

2. 菌种的保藏和管理

一般在马铃薯葡萄糖琼脂培养基（potato dextrose agar medium，PDA 培养基）中培养菌种。菌种经长期常温避光培养后，菌丝生长空间受限，培养器皿中氧气大量减少，加上呼吸作用，在器皿表面会产生一定水汽，导致菌种产生一定程度的退化现象，如分泌色素、产生分生孢子、菌丝生长变缓等。如果直接使用这些菌种，则会导致畸形菇、减产，甚至绝收。因此，合理地保藏菌种、定期纯化菌种具有十分重要的意义。

菌种的保藏按照用途可以分为以下几种方式。

（1）对于生产和试验直接使用的菌种（一般在 1 个月内），可以将菌种接种在配制有 PDA 或者木屑培养基的试管、培养皿中，于 20～25℃培养箱中避光保藏。

（2）对于短期生产和试验所用的菌种（一般在 1～6 个月），可以将菌种接种在配制有 PDA 或者木屑培养基的试管、培养皿中，于 4～10℃冰箱或者冷库中避光保藏。

（3）对于长期供科研和生产使用的菌种（一般在 6 个月以上），大多采用降温处理，然后保存于液氮中。这种方式通常用于保藏原始菌株。

2.1.2　培养基的制备

生态菌物大多是自然界的分解者。科研人员根据其生长环境、生理特点和基质等，对各类菌物进行人工驯化。驯化后的菌株可以在人工配制的基质中完成整个生长发育过程，同时还具有人类所需的生理特征，如子实体产量较高、子实体形态好、生长周期短等。

生态菌物在自然界中主要以分解基质中的碳素、氮素及其他营养物质为主，其中碳素营养物质以纤维素、木质素、半纤维素等为主。因此，对于培养基原料，可以按照菌物生长所需的物质来进行组配。

进行常规菌物生产和试验一般选用马铃薯、葡萄糖、琼脂等配制的 PDA 培养基，PDA 培养基既可以用于菌物的短期培养，也可以用于长期保存（需要放到特定低温环境）。PDA 培养基的配制方法较为简单，将 200g 马铃薯切成小块，煮熟后用纱布过滤，在滤液中加入 20g 葡萄糖、10～20g 琼脂（液体培养基不须加琼脂），然后加蒸馏水定容到 1 000mL，于 121℃高压灭菌 20min，冷却后分装备用。

进行常规菌物生产和试验也可以选用菌物自然生境中的营养物质作为培养基，如木屑、谷物、秸秆等。根据生产或者试验需求确定配制方法，如复壮和培养菌种，可以把木屑类物质直接灭菌后分装于培养皿或试管中。若生产菌种，可以将木屑等物质按菌包生产流程制成菌包，接种后培养备用。

2.1.3　菌种的培养

将菌种接种在基质中后，需要将其置于适宜其生长的环境中进行培养。研究表明，生态菌物适宜培养温度为 20～30℃，大多在温度 25℃时生长良好。菌种的生长一般分为营养生长阶段和生殖生长阶段。在营养生长阶段，菌种主要进行菌丝生长，菌丝会通过不断生长充满整个培养基，菌丝充分吸收和利用培养基中的营养物质，为下一阶段的生殖生长累积充足的营养物质。在营养生长阶段，菌种大多数不需要光照，因此应避光培养。

　　按照不同需求和培养基的类型对菌种进行培养。对于试验所需的菌种，一般在 PDA 培养基或者木屑培养基中培养，大多在 25℃恒温培养箱避光培养 5～15d。要注意定期转接、活化菌种。若培养的菌种在短期内不用，则按需求计划将其放入 4℃冷藏箱、-80℃冰箱或液氮中保存。对于生产用的菌种，如谷物菌种、木屑菌种，一般在 25℃恒温培养室避光培养 20～40d，同时要注意控制环境中二氧化碳的浓度，适当通风，保持湿度在 50%以下。将培养好的菌种放入 10～15℃的低温培养室进行短期保存，一般保存时间不超过半年。

2.2　栽培基质的选择

　　栽培基质包括生态菌物赖以生存的各种营养物质。即使在菌种和生长环境均相同的情况下，基质成分、配方及处理方式不同，也会引起子实体的产量、质地和形态等发生变化。选择合适的栽培基质需要考虑多方面的因素。确定栽培基质后还需要对其进行适当的处理，并筛选最佳配方。

2.2.1　栽培基质的处理

　　根据不同生态菌物栽培要求，采用不同的栽培基质处理方式，主要有生料栽培、发酵料栽培、熟料栽培 3 种。

1. 生料栽培

　　生料栽培，是指拌料完毕后不经过任何处理直接进行装袋接种的栽培方式，它的栽培基质是未经腐熟或灭菌的生料。这种栽培方式简单易行、省力省时、成本较低。对平菇、草菇等可采用生料栽培。

　　生料栽培成败的关键是对杂菌污染的控制。在生产中，杂菌污染不易控制，菌种一旦被污染，轻则减产，重则绝收。因此要从各方面入手，严格控制杂菌的滋生。可以选用品质优良、抗污染性强的菌种。质量好的菌种瓶口包扎严密，棉塞不松动，菌丝洁白粗壮、均匀一致，有菇香味，菌龄适宜。制作母种、原种、栽培种都必须严格按无菌操作程序进行，在菌种培养过程中每隔 2～3d 检查一次，发现异常情况，如菌丝生长缓慢，稀疏，料面出现红、黄、黑、绿等杂色，应及时拣出。

　　所用稻草、棉籽壳等原料应新鲜无霉变。使用前将原料在阳光下暴晒几天，使用时可加入石灰粉提高培养料的 pH。石灰粉既是营养物质，又能起抑菌作用。在原料中不要过多地加入糖类等营养较丰富的物质，尤其在高温季节，要少加糖或不加糖。这些物质营养结构简单、转化快，易使杂菌迅速繁殖，造成污染。为了进一步降低杂菌污染率，在配料时可酌情加入 0.1%的多菌灵，对原料进行消毒，也可先用石灰水将原料浸泡 10～24h，然后堆闷 6～10h，再调 pH、拌料。在高温季节，配料时应调高培养料的 pH，抑制杂菌生长。pH 调节程度视栽培菌种而定，如平菇栽培，将培养料的 pH 调至 9.0，菌丝仍能较快生长。此外，将培养料的含水量控制在 60%～65%，不可过高。高温发菌时要单排放置培养料，袋与袋之间不能挤压，并保持低温、干燥、通风和无光线的培养环境。

生料栽培的培养料只经过消毒处理，培养料内难免有活的杂菌孢子存在。在接种时可加大菌种用量，使菌种在培养料内形成生长优势，从而有效地抑制杂菌的生长和繁殖。菌种用量越大，效果越好，产量越高。接种时采用层接、混接相结合的方式，使料面、料内同时发菌，既可防止外部杂菌侵入，又可抑制内部杂菌繁殖。

对菇房、接种室等场所，在使用前要进行严格消毒，如果有条件，则用甲醛密闭熏蒸一次。在菌丝生长阶段，除常规管理外，应配合喷水保温定期向地面及空间内喷 5%的石灰水溶液或 1∶500 的多菌灵（注意不要直接喷到料面或棉塞上），净化室内空气。每收一茬菇后，菌丝营养消耗殆尽，抵抗力下降，又有采菇留下的伤痕，易被杂菌污染；出菇期间空气相对湿度较高，利于杂菌滋生。因此，在收菇后，应向地面及空间内喷雾消毒一次。

在培养过程中应控制好温湿度，防止培养环境高温、高湿。在栽培过程中，培养环境温度不宜过高。在较低温度下培养可减轻污染，因此安排好栽培季节十分重要。如果培养环境温度过高，则可喷水或进行通风调节。控制好空气的相对湿度也很重要。在菌丝生长阶段，宜将空气相对湿度控制在 65%左右，不要超过70%；在子实体发育阶段，宜将空气相对湿度控制在 80%～95%。若空气相对湿度过大，则易生杂菌，可采取通风或向地面撒石灰粉的方法调节空气相对湿度。

在培养过程中应经常检查，发现污染要及时处理。对于畦栽、床栽等大面积栽培，如果发现零星污染，则可用 75%乙醇棉球擦拭污染部位，或用 pH 10～12 的石灰水洗净料面上的杂菌；如果发现污染成片但不严重，则可将污染处的培养料挖净，然后用栽培种补平；如果发现污染较为严重，则用石灰水处理后将被污染的菌种搬至远离菇房处深埋，以防污染源扩大，同时向空间内喷 1∶500 多菌灵净化消毒。对于污染较轻的袋装菌包，可用 75%乙醇注射污染部位；如果污染严重，则应及时拣出被污染菌包，进行无害化处理（深埋）。

2. 发酵料栽培

发酵料栽培，是指将原料拌匀后，按一定规格建堆，进入发酵工艺环节。当堆温达到一定要求后进行翻堆，一般要翻 3～5 次。发酵料栽培具有方法简单、制作周期短、产量高、成本低、病虫害少等优点，适合广大农村地区及个体栽培户使用。双孢菇、姬松茸、草菇、平菇、鸡腿菇等适合采用发酵料栽培方式。

发酵料栽培是在培养料不完全灭菌的条件下进行的，因此应选择分解木质素、纤维素及抗杂菌能力较强的食用菌品种，如平菇、草菇等。发酵料中还含有少量其他杂菌的孢子体及大量放线菌，因此适当降低发酵温度可抑制杂菌孢子萌发及高温放线菌生长。制作菌棒时应选择温度在 20℃ 以下的环境。

发酵料的配方除了要考虑不同食用菌对碳氮比的需求，还要适当增加碳氮比。因为含氮量高的辅料（如麦麸、豆粕）在发酵过程中会产生大量氨气，对菌丝生长有抑制作用，同时容易造成菌丝徒长、出菇困难。另外，还要在菌包装之前加入 0.2%克霉灵、5%石灰和 1%石膏粉，拌料后调整 pH 为 10。因为在发酵过程中料内 pH 会大幅下降，而高 pH 可以抑制杂菌繁殖。石膏粉在发酵过程中对料内 pH 起缓冲作用，同时能补充钙元素。

在制作发酵料时，适当使用发酵剂能快速提高料温，缩短发酵周期，改善发酵料的营养及理化特性，减少出菇期病害。常用的发酵剂有酵素菌（添加量为 0.5%），有效微生物群（effective microorganisms，EM）原液（使用浓度为 300 倍液）。

拌料、建堆和翻堆是制作发酵料的关键。发酵所用原料必须新鲜无霉变。在使用前将发酵料暴晒 2～3d，在干净的水泥地面将主料与辅料不加水拌匀，将溶于水的石灰、石膏及尿素等拌入料中。拌好的发酵料含水量为 65%～70%。按堆高 1m，堆底宽 1.2m 建好堆，在堆顶及两侧隔 50cm 打一通气孔到料底，在料堆的不同部位插上温度计。前 3d 给发酵料加盖塑料膜进行保温保湿，3d 后撤掉塑料膜，雨天时再盖。2～3d 后当堆温达 60～65℃时，保持 12h 后，进行第一次翻堆。再建堆及翻堆同第一次。如此翻堆 3 次，在第 4 次翻堆后直接摊开发酵料，让料温下降，停止发酵。发酵好的培养料呈褐色，有酵香味和大量白色放线菌遍布整个料层，质地松软，含水量为 65%，pH 为 6.5～7.0。发酵好的培养料即可用于食用菌的栽培。

3. 熟料栽培

熟料栽培，即对装袋（瓶）后的培养料进行常压或高压灭菌，一方面有利于分解能力较弱的食用菌菌种的菌丝体生长；另一方面能杀死培养料内大部分有害微生物及害虫。香菇、杏鲍菇、金针菇及滑子菇等生产都必须采用熟料栽培。熟料栽培能彻底杀死培养基中杂菌（害虫），降低污染率，使食用菌丰产，提高菌种稳产性。熟料较发酵料更节省时间，且在时间上较为主动，便于我们根据人力、物力适时组织规模生产。

熟料栽培对接种要求较高，整个过程都需要无菌操作。常用的接种方法有接种箱接种和接种室接种。接种箱接种是我国广大农村一家一户栽培食用菌最常用的接种方法，其缺点是一次接种数量少、操作不方便。接种箱接种的原理和方法与接种室接种大同小异，但须注意以下几点。①接种箱密闭性一定要好，接种箱的套袖要用不易透气的双层布料，套袖前后要带两个松紧带，两个松紧带之间距离为 18cm 左右。②使用旧接种箱接种前要先用水冲洗晒干，再进行一次熏蒸消毒，熏蒸用药量是常规用药量的 2 倍。使用新接种箱接种前也应先进行一次熏蒸。③将接种箱尽量放在干燥、干净、密闭性好的房间内。

接种室接种是有条件的菇场在规模化生产菌棒时最常用的一种接种方法。此方法操作方便，接种速度快，有取代接种箱接种的趋势。接种室接种要求接种室密闭性和通风性好，地面、墙壁及天花板光滑，便于消毒，接种室周围环境清洁干净，接种室应有紫外线灯和缓冲间。在使用新建的接种室前，应加强通风，并放置一些生石灰块用于吸水，使其干燥，同时用拖把将地面拖干净。旧接种室重新使用时，应先将其打扫干净，再用甲醛和高锰酸钾进行熏蒸（按每立方米 10mL 甲醛加 5g 高锰酸钾）。

目前我国普遍采用的灭菌方法是常压灭菌，高压灭菌应用较少。常压灭菌过去多采用土蒸锅，装料少、装锅出锅操作不便、料冷却较慢，因此这种方法逐渐被淘汰。常压灭菌目前多用小锅炉（蒸汽发生器）进行灭菌，这种灭菌方法节省燃料、操作方便、料冷却较快。

常压灭菌小锅炉的使用方法是：先将灭菌场所打扫干净，再将已装满料袋的塑料筐一层一层摆好，一般一次可灭菌 5 000 棒左右。然后用一层塑料布（如果是旧塑料布则可用两层）盖在上边，再覆盖一层苫布。如果是冬季，则在苫布上边再盖一层棉被，四周用沙袋压好或用绳子捆好。这时便可生火加温，开锅后蒸汽通过管道进入菌棒垛内。为缩短垛内菌棒达到 100℃的时间，一般用两台常压灭菌小锅炉同时灭菌，3～5h 后苫布会鼓起，称为"圆气"，此时垛内温度达到 100℃以上，有时会达到 105℃。此时可开始计时，并不间断灭菌 12～14h。如果用塑料布覆盖料袋，则可在菌棒垛的 4 个角下面分别放置 4 个铁管，让其自然排气，以免垛内压力过高将整个覆盖物掀起。装好的料袋不可久置，应马上灭菌，以免培养料酸败，特别是在高温季节。用两台常压灭菌小锅炉灭菌，加水的时间要错开，不能同时加水，这样可使苫布始终保持鼓起状态。当灭菌结束时，可停火使其自然冷却降温，在冷却过程中，如果是夏季则可将苫布掀掉，但塑料布不能掀掉。灭菌效果正常的菌棒表现为深褐色，有特殊香味，无酸臭味，袋内培养料 pH 为 6.5～7.0，并有轻微皱曲现象。在菌棒生产过程中，灭菌是菌棒生产的关键，一些新的栽培厂家最容易在这个环节出现问题。

灭菌结束后，当菌棒温度降至 26℃左右且接种室内烟雾消毒剂的气味散尽时，接种人员在缓冲间洗手、换鞋、换帽、换衣服后可进入接种室。接种时，点燃酒精灯，动作要熟练快捷。一般是 1 人接种，2～3 人解袋绑口。一瓶菌种（500mL）

可接种菌棒 15 个左右（两头接种）。在接种过程中要禁止闲杂人员入内，并避免接种人员外出。

总之，从生料栽培、发酵料栽培到熟料栽培，培养料的腐熟程度从浅到深，高分子化合物等营养成分的分解程度从轻到重，存在的杂菌数由少到多，操作由简单到烦琐，保险程度及产量由低到高。生产者应根据自己的生产情况，合理选择栽培方式，以提高综合效益。

2.2.2　栽培基质配方的选择

食用菌栽培基质主要由主料和辅料两部分组成。主料是食用菌栽培基质中占多数或绝大多数的同种或同类原料，主要为食用菌菌丝及子实体提供碳源等大量营养物质，如木屑、棉籽壳、玉米芯、豆秸、麦草、稻草等。

在木质类主料的碳源中木质素所占比例较大，纤维素和半纤维素所占比例较小，如椴木、树枝、木屑等，其质地紧密，适用于各种木腐菌的栽培。在草质类主料的碳源中纤维素和半纤维素较多，其质地较松软，常见的有各类农作物秸秆、皮壳，适用于多种食用菌的栽培。随着常规基质原料价格的不断上涨，以及国家提倡发展绿色环保农业，对食用菌栽培原料的选择需要突破传统方式，开发新型栽培基质。一方面降低生产成本，增加农民收入，推动助农致富；另一方面实现农业废弃物资源化，促进循环农业发展，延长农业产业链。目前，关于食用菌新型栽培基质研究较多的是秸秆、菌糠、果渣、果壳及中药渣，这些均具有食用菌生长所需的碳源、氮源和矿质元素，不仅可以降低食用菌的生产成本，提高经济效益，还可以提升食用菌产品的品质和产量，变废为宝，符合绿色循环农业的发展趋势。随着科研工作的深入、标准化参数的完善和规范化技术规程的建立，食用菌新型栽培基质必将有更广阔的开发前景。

辅料是指栽培基质组成中配量较少、含氮量较高、用来提高栽培基质中氮含量的物质，如稻糠、麦麸、各种饼肥、畜禽粪、大豆粉、玉米粉等。辅料主要起调节和平衡微量元素的作用。在食用菌生产中要注意辅料的选择和搭配，并使用新鲜的辅料。常用的辅料有麦麸、玉米粉、米糠等，这些辅料的营养非常丰富。辅料在发酵的过程中，能提高蛋白质的含量。添加辅料时要注意辅料所占比例，既要保证栽培基质的营养成分，又不造成辅料的浪费和栽培基质的营养过剩，例如，麦麸的添加量一般为 15%左右，玉米粉的添加量一般为 5%左右；不同的季节添加量略有不同，高温季节少量添加，低温季节适当加量，添加玉米粉之后可以不添加糖类。米糠也是比较常用的辅料，一般为水稻或谷子的细粉，添加量约为 10%，主要作用是增加微量元素。石灰也是必不可少的辅料之一，无论是生石灰还是熟石灰，其主要作用都是调节 pH，添加量最多为 3%。当然，轻质碳酸钙也可以作为辅料，主要作用是调节栽培基质的 pH。用石膏作为辅料时，通常使用的是生石膏，添加量最多为 3%。在食用菌栽培基质中添加生石膏可以增加营养，补充钙元素，改善基质的化学和物理状态，它在食用菌生长过程中起关键的作用。

在栽培食用菌的过程中，不同原料的营养成分不同，所产生的效果会有所差异。要想提高食用菌的产量，就必须在生产实践过程中不断试验栽培基质主料和辅料之间的配比，做到营养均衡。对食用菌栽培基质的配料比例要经常试验、不断改进。同一种食用菌在不同地区生长需要的配料比例并不相同。不同的食用菌在不同地区、不同季节的栽培方法不同，也需要按照当地的实际情况对配料比例进行调整。

添加适量的辅料和制定合理的栽培基质配方对食用菌产量的提高有至关重要的作用。制定栽培基质配方时需要严格保证配方的合理性和科学性。选择食用菌栽培基质配方需要注意以下原则。①有针对性地对待每种食用菌，因为每种食用菌对营养的要求各不相同；②对于通气性较差的原料，要适当地增加通气性较好的辅料来增加通气性。例如，对于以棉籽壳为主料的栽培基质，可以加入 10%麦麸、5%玉米粉；对于以玉米芯为主料的栽培基质，可以加入 15%麦麸、5%玉米粉，但在高温季节，一定要注意玉米粉的添加量，以 1%～3%为宜或者不加；对于以木屑为主料的栽培基质，添加的玉米粉要稍微多一些，约为 8%。

食用菌栽培基质的含水量也是影响食用菌生长的重要因素，很多地方在栽培食用菌时并不注重栽培基质的透气性和含水量，常常忽略水分的重要性。栽培基质的含水量并不是越高越好，也不是越低越好。在控制含水量时要考虑栽培基质的透气性和食用菌发菌的质量，只有菌丝发育得好，其产量才会更高。如果含水量过高，则易导致栽培基质发霉，其产量大大下降。所以应在整个食用菌培养的过程中适当控制含水量，根据季节和温度逐渐调节，做到精确测量，实现增产、稳产。

2.2.3　菌包的制作

菌包制作流程为原料预处理→装袋→灭菌→冷却→接种→养菌。

1. 原料预处理

原料准备完成后需要进行一些预处理。对于吸水性较差的原料需要进行预湿，防止拌料时因吸水不充分而影响灭菌效果。拌料时，需要先将麦麸、石灰、石膏等辅料按照配方比例混合备用。将预湿后的原料加入搅拌槽内，再加入麦麸、石灰、石膏等混合料，进行充分搅拌，控制含水量在 65%左右。搅拌完成后便可进行装袋的工作。

2. 装袋

常用的菌袋为聚乙烯塑料袋。按照菌袋的规格装取适量的培养料，尽量保持菌袋装料后重量一致，以便于管理。整平料面，擦净袋口后套上塑料套环，插入菌棒。将菌包装筐后搬上灭菌车准备灭菌。装袋完成后应尽快灭菌，以防栽培基质"酸化"。在装袋过程中可使用自动装袋机，既节省用工成本，又提高工作效率。

3. 灭菌

将灭菌车推入灭菌锅中，保持灭菌车的间距合理，保证蒸汽循环畅通。开启电源，调节程序参数，等待灭菌结束。菌包经过高温灭菌后需要冷却到 28℃ 以下才能接种。在冷却过程中菌包会以热气的形式挥发出大量的水分，此时，如果在冷却室使用空调进行强制降温，则菌包内会形成大量的冷凝水，这样会增加杂菌滋生的隐患，特别是在采用常压灭菌时，会造成严重的细菌污染。

4. 冷却

灭菌结束后，工作人员进入双门高压灭菌锅缓冲通道，开门前先换鞋、更衣，启动过道净化系统，再进入风淋室，启动排气风扇，最后打开锅门。将灭菌后的菌包移入冷却室。待菌包降至 28℃ 以下时将其移入净化的接种室接种。

5. 接种

接种室应配置超净工作台、空调、紫外线灯等设备，净化级别要求达到万级净化标准并维持正压状态。接种前 1h 开启空气净化系统换气。工作人员进入接种室时，换上室内无尘拖鞋，穿上连体无尘衣，戴上口罩、帽子，换上无尘鞋套，用消毒液洗手，经风淋室风淋后进入接种室。接种结束后清除接种室垃圾，打扫环境卫生，并开启紫外线灭菌。

接种室有大量的工作人员进入作业，还有菌种、周转筐等工具、器物的流动，会带入杂菌，加上工作人员发热出汗，会在接种室形成高温、高湿的空间环境，这不仅会助长杂菌的繁殖，还会给工作人员带来不适。因此，接种室的净化空气系统必须增设空气除湿装置，保证空气相对湿度在 50% 以下，并及时去除空气中的水分，同时保证接种室室温不超过 22℃，这样既能抑制杂菌繁殖，又能增加工作人员的舒适度。

6. 养菌

将接种后的菌包搬运至培养室的培养架上，使上下架之间间隔 30cm。控制培养室温度在 24～26℃，保持空气相对湿度在 65% 以下，避光培养。始终保持培养室处于正压状态，利用风机和制冷机组进行通风换气，确保二氧化碳浓度不超过 0.3%。

及时入库检查杂菌，发现被杂菌污染的菌包，要及时将其搬出培养室并处理，防止污染扩散蔓延。正常生长的菌丝浓密，呈白色，当菌丝长满菌包后便可以进行出菇管理。一般通过控制昼夜温差、提高空气湿度来进行催蕾。在子实体生长阶段需要 90% 以上的空气相对湿度，只有这样子实体表面才会湿润丰满，否则，会出现子实体表面粗糙泛黄，甚至萎蔫的现象。

2.2.4 菌包制作常见的问题及解决方法

在实际生产过程中，即使小心翼翼，也会出现菌包被污染或其他不理想的现象。常见的现象有：菌包变酸变臭，菌包只在一端生长菌丝，菌丝满袋后迟迟不出菇，烧菌，菌丝不吃料、不发菌，菌丝未满袋就出菇。我们要针对不同现象，寻找原因，解决问题。

1. 菌包变酸变臭

栽培基质装袋接种后，料内散发出一股酸臭味，影响菌丝生长。造成此现象的主要原因有以下几个方面：①栽培基质不够新鲜干净，有大量杂菌，特别是经过夏天雨季的陈料，如果消毒灭菌不彻底，则料内的各类霉菌会大量繁殖，导致栽培基质酸败，产生酸臭味；②拌料的水分过多，料内氧气不足，使嫌气细菌和酵母菌繁殖，导致栽培基质腐烂变质；③在菌丝生长阶段由于料袋重叠，料温升高，使杂菌生长速度加快。

解决方法：①栽培时要选好原料，采用新鲜干净、无霉变、无结块的原料，拌料前暴晒 2d；②拌料时严格控制含水量，切勿过干过湿，在水中最好加入 0.1% 的多菌灵或甲基托布津等杀菌剂；③对酸臭味过重的栽培基质，应及早将其倒出，加入石灰水调节 pH 为 7.5 左右、含水量为 60% 左右，重新接种栽培。如果氨气过多，则可加入 2% 的明矾水拌匀除臭。栽培基质如果已腐烂发黑，则只能作为肥料入田。对于栽培场地散发的臭味，可喷洒除臭剂消除。

2. 菌包只在一端生长菌丝

在一个菌包的两端接入同一菌种，往往只有一端菌丝生长良好，而另一端菌丝萎缩死亡。主要原因如下：①灭菌灶建造不合理，冷凝水不能沿灶壁回流入锅，有一部分冷凝水不规则地流入袋口，使此端栽培基质吸水太多，抑制了菌丝的生长；②菌包紧靠锅壁排放，相互间空隙太少，蒸汽循环受阻，使冷凝水从灶壁流入袋口，造成此段栽培基质过湿，影响菌丝生长；③此端袋口扎得过紧，氧气不足，使菌丝生长受阻。

解决方法：将灶顶建成圆拱形，使冷凝水能从灶壁流回锅内。菌袋应与灶壁间有一定距离，以免进水。另外，不要将菌包排得过挤，以加速水蒸气循环，提高灭菌效果。对用橡皮筋或线绳扎口的菌包，在菌丝定植后要把扎口松开一些，以增加通气量，避免因缺氧而造成菌丝死亡。

3. 菌丝满袋后迟迟不出菇

菌包菌丝生长旺盛，满袋后迟迟不出菇，经 2～3 个月仍不出蕾。主要原因如下：①栽培基质的碳氮比不合适，氮素过多，碳素不足，导致菌丝营养生长过旺，菌丝徒长，甚至浓密成一团，结成菌皮，进而使菌丝生长受到抑制，推迟出菇；②菌丝长满袋后，在温度较高、空气相对湿度较低的情况下，过早地打开袋口，菌包表面形成一层干燥的厚菌膜，使菌蕾不能分化。

解决方法：麦麸、米糠、豆饼、玉米粉等含有丰富氮素的辅料添加时要适量，严格按照栽培基质配方进行配制；遇到菌包表面形成干菌膜的情况，可先用铁丝在菌包两端各戳一个洞，再用小钉耙扒去表面干菌膜，将菌包浸入 25℃ 以下的水中 8～12h，待菌包吸足水分后重新摆放在培养架上，给予通风、光照和温差刺激，增加空气相对湿度，加快出菇。

4. 烧菌

烧菌是菌包内菌丝生长环境的温度过高，超过菌丝生活力范围而造成的菌丝死亡现象。大部分食用菌在菌丝生长阶段，当栽培基质内温度超过 35℃ 时，菌丝生命力将出现减退；当栽培基质超过 40℃ 时，会产生烧菌现象。

解决方法：在培养过程中要控制栽培基质温度不超过 35℃。若栽培基质温度较高，则应及时采取降温措施，如在地面洒些冷水、打开门窗进行通风等。需要注意的是，栽培基质内的温度一般比室温高 3～5℃。

5. 菌丝不吃料、不发菌

造成菌丝不吃料、不发菌的主要原因如下：①原料存放时间过久，已发霉变质，滋生大量杂菌，接种后菌种被杂菌包围；②菌种转代次数过多，培养条件不良，保存时间过久或多次组织分离，造成菌种菌龄太老、生命力降低；③在接种箱内施用消毒药过多，熏蒸时间过长，损伤了菌种；④栽培基质含水量不合适，过干或过湿；⑤菌包过紧或过实，不能满足菌丝有氧呼吸的要求；⑥接种量小，接种后气温过高，使菌种受到损伤；⑦栽培基质碱性太高，pH 超过 8.0。可以根据不同原因，有针对性地解决问题。

6. 菌丝未满袋就出菇

栽培过程中经常遇到菌丝只生长 1/3 或 2/3，就出现菌蕾的现象。造成此现象的主要原因可能为：①菌丝生长阶段的环境条件不适宜，如栽培基质过干或过湿、装料时压得太紧、栽培基质内营养成分差、光线过强、温度较高、pH 不适宜等；②菌种菌龄太老，菌丝生活力减退。

解决方法：选择优质、生命力强的菌种，创造适宜菌丝生长发育的条件，使配料、含水量、pH、温度、光照等都满足食用菌生长的需要。

2.3　菌物生长环境条件的管理

菌物是生物界的重要成员之一，在长期进化中和其他生物形成了和谐、微妙的生态关系，对自然界的生态平衡起着重要作用。

树林是所有菌物生长地中菌物产量最高的地方。树木种类不同，菌物产量不同，菌物形态和种类也有所差异。菌物在树林中可以分解枯枝败叶，为其他植物提供无机物，促进植物生长。草原是一个菌物种类较少的地方，其盛产口蘑、鬼伞等真菌，偶尔生长有毒菌物，往往会形成蘑菇圈。

菌物生长除了需要合适的营养来源，还需要适宜的环境条件，包括温度、水分、光照和空气，简称"四大因子"。四大因子的协调很重要，浇水可以调节温度和水分，通风可以调节氧气含量、二氧化碳含量、温度和水分，遮荫可以调节光照强度、温度、水分和空气。菌物物种多样性丰富，适合菌物生存的环境很多，因此很难确定哪种环境因子更为重要。

2.3.1　温度

温度是影响菌物生长的重要因素之一。不同的菌物因生长环境不同而有不同的适宜生长温度范围，有最适生长温度、最低生长温度和最高生长温度。温度对菌物生长的影响很大，直接关系菌物生长的快慢或死亡。温度影响菌物生长的原因主要是温度影响菌物细胞中酶的活性，从而影响其代谢活动。在一定的温度范围内，菌物的生长速度随着温度的升高而呈对数上升，超过最适生长温度后，菌物的生长速度随着温度的升高而急剧下降。在最适生长温度，菌物的营养吸收、物质代谢速度都较快，菌物生长速度最快；低于最适生长温度时，菌物细胞中酶的活性较低，菌物生长速度下降；高于最适生长温度时，菌物细胞中的酶发生钝化，活性降低，甚至失活而使菌物死亡。每种菌物在其适宜生长温度时酶活性较高，能快速生长。

温度影响菌物孢子的萌发。不同菌物孢子萌发需要的温度不同，这与菌物的原产地及菌种驯化温度有密切的关系。在自然界，野生的菌物先依靠孢子萌发形成菌丝体，再形成子实体，最后在生殖生长阶段产生孢子，从而完成生长周期。温度不适宜会影响菌物孢子的萌发，从而影响菌物的生长繁殖。就温度而言，大多数菌物的最适生长温度为 25～30℃，最低生长温度为 10℃，最高生长温度为 40℃。但是，喜温种类的菌物最适生长温度高于 40℃。在堆肥中，一些菌物可在 50℃以上生长。一些嗜冷的菌物可以在冰点以下生长。多数菌物比较耐低温，在

0℃甚至更低的温度不会死亡，只是代谢速度降低。如果将菌丝置于10%甘油防冻剂中，则大多数菌物可在-196℃保存。需要强调的是，只有某些种类的菌物适合在极端条件下生长，实际上，在极端条件下，所有菌物都会产生孢子或特殊的防御结构，以便逃离极端条件或在极端条件生存。

菌物的生长发育分为营养生长阶段和生殖生长阶段。大部分菌物在营养生长阶段所需温度基本相近，在生殖生长阶段所需温度差别较大。不同种类的菌物、同种菌物的不同品种，甚至菌物的同一品种在不同生长阶段所需温度有所不同。温度的高低主要影响菌丝的生长速度，以及菌物子实体的分化数量和质量。温度改变会导致菌物体内发生蛋白质降解现象，这是温度影响菌物生长的进一步表现（郑微，2014）。因此，菌物栽培应严格按照各菌物的温度要求进行。

菌丝生长的温度范围大于子实体分化的温度范围，子实体分化的温度范围大于子实体发育的温度范围，孢子产生的最适温度低于孢子萌发的最适温度。菌丝在不同温度的生长差异反映构成菌丝的细胞在不同温度的生长分裂速度，也间接反映菌丝代谢酶的活性。通过比较不同温度菌物子实体生长速度及产量的差异，结合不同温度下菌物生产的污染率、病虫害发生率等情况，可以得出适合不同品种菌物子实体生长的温度范围。对菌物生产温度条件的筛选主要以菌丝生长速度为标准，普遍采用菌丝生长阶段在 PDA 培养基上菌丝生长速度最快的温度作为菌物生产的发菌温度。在菌物子实体生长阶段，高温虽然有利于缩短其生长周期，但易导致污染率升高、产量降低及品质下降，因此应采用比最高生长温度稍低的温度进行生产。一般菌丝生长阶段要求的温度较高，子实体分化和发育要求的温度较低，菌丝生长所需温度高于出菇期的温度（温度先高后低，相差 3～5℃）。有些菌物子实体的分化还要求一定的温差刺激。在菌物子实体分化时，若以每天8～10℃的温差刺激，则可促进菌物子实体的分化，这种特性称为变温结实性。反之，有些高温型菌物菌丝体转化为子实体原基时，无须变化温度，这种特性称为恒温结实性。在菌物营养生长阶段，恒温有利于菌丝持续生长和营养积累，而大部分菌物由营养生长阶段向生殖生长阶段转化时需要温差刺激。温差刺激还有利于提高子实体生长的一致性和品质，在传统栽培模式下昼夜温差为菌物子实体生长发育提供了天然刺激。菌物子实体分化需要较低的温度，无论何种菌物，其子实体分化和发育的温度范围都比较窄，其最适温度比菌丝体生长所需的最适温度低。温度过高或过低都不利于菌物子实体的分化和发育。

一般来说，大多数生态菌物的菌丝在25℃左右生长最好。温度上升，菌丝生长虽然快，但很虚弱；超过上限温度，菌丝则休眠，甚至死亡。温度下降，菌丝生长虽然强健，但十分缓慢；当低于0℃时，菌丝休眠。培养室的温度应比所培养菌物的菌丝最适生长温度低2～6℃。菌包内料温不应超过所培养菌物菌丝的最适生长温度3℃。当料温过高时，应采取疏散、通风、淋水等措施降温。

　　根据菌物子实体分化所需要的温度，将菌物分为以下几个类型。①低温型菌物。子实体分化的最适温度在 20℃以下，如金针菇、双孢菇等。②中温型菌物。子实体分化的最适温度为 20～24℃，如猴头菇、银耳等。③高温型菌物。子实体分化的最适温度在 24℃以上，如草菇等。④广温型菌物。子实体分化的最适温度为 3～33℃，如平菇等。

　　对于高温型菌物来说，在自然界，其子实体在 6～9 月发生，如草菇、黑木耳、松口蘑和竹荪等，其中草菇对温度的要求最高，只有在昼夜高温时，其生长才好。对于低温型菌物来说，在自然界，其子实体在 10 月至次年 5 月发生，如香菇、金针菇等，其中香菇最耐寒，在雪下椴木上生长的香菇，品质最为上等，其商品名为"花菇"。可以根据菌物的适宜温度合理安排其栽培季节。人工栽培时，对于高温型菌物，可利用温室、大棚、中棚、小拱棚、温床和阳畦等设施在春、秋季节栽培，延长其供应期；对于低温型菌物，可利用地道、山洞、地下室和半地下室等在夏天进行生产。此外，人工制种能定向选种和培育新品种，以适应不同的温度。例如，已培育出高温型、中温型和低温型的平菇新品种，能抗热和耐寒，可在一年四季生产。菌物栽培分为正常季节栽培和反季节栽培。通过正常季节栽培与反季节栽培相结合，可实现菌物的周年生产。

2.3.2　水分

　　水是一切生命之源，万物生长离不开水的参与，菌物也不例外。水分影响菌物的生长繁殖，对菌物生长十分重要。水分是构成菌物细胞的重要成分。菌丝体的含水量在 80%左右；子实体的含水量更高，可达到 90%。水分参与菌物的新陈代谢，是菌物体内新陈代谢过程中生化反应不可缺少的溶剂，在吸收营养、输送物质、维持细胞渗透压平衡、保持细胞生存空间等方面起重要作用。因此，菌物生活环境中水分含量的多少对菌物的产量甚至生存起着关键性的作用。当栽培基质水分不足时，菌丝生长缓慢，子实体不能形成或干缩；当栽培基质水分过多时，通气不良，菌丝生长缓慢。

　　菌物水分的控制包括栽培基质的水分控制和空气的水分控制两个方面。不同菌物所需水分不同，同种菌物不同生长阶段对水分的需求也不同。首先，水分影响菌物孢子的萌发。孢子萌发的第一步是吸足水分，只有水分适宜，孢子才能萌发，如果在干燥条件下，则孢子不能萌发。孢子壁一般较厚，水分能使孢子壁膨胀软化，以便透氧吸氧。水分能使孢子内的物质变为溶胶状态，以便酶发挥作用，促进生理代谢活动。水分能作为媒介，促进孢子内的物质运输，将养分转移到需要的部位，以满足孢子萌发的需求。研究发现，如果将采集的孢子放入适宜的基质或蒸馏水中，则 24h 孢子伸出芽管，72h 菌丝可形成分枝，进一步形成菌丝体。其次，水分影响菌丝体生长和出菇。栽培基质的含水量可用水分在湿料中的百分含量来表示，以 60% 为适宜，即在调制栽培基质时，在每 40kg 干料中加 60kg 水，搅拌均匀，使干料吃透水分，过 1～2h，再进行简单的测试。最常用的测试方法是，用手抓一把拌好的栽培基质用力紧握，以水从指缝中挤出但不滴落为宜。若有水滴落，则表示栽培基质水分过多、空气太少，菌丝将不能生长甚至腐烂；若挤不出水来，则证明栽培基质水分不够，菌丝太干，也不能生长。栽培基质中的水分常因蒸发或出菇而逐渐减少，因此，在栽培期间必须经常喷水。子实体生长阶段栽培基质中的含水量基本与菌丝体生长阶段的含水量保持一致。菇场或菇房如果能保持一定的空气相对湿度，则能防止栽培基质或幼嫩子实体水分的过度蒸发。

空气相对湿度对菌物的生长发育有很大的影响。菌物生长所需的水分主要从栽培基质中吸收，但空气相对湿度通过影响子实体原基形成、子实体表面蒸腾速率、病虫害及二氧化碳和氧气的分压等间接影响菌物的生长发育。在菌物发育过程中，实时监测空气相对湿度是一项重要的工作。较高的空气相对湿度是子实体原基发生和发育必需的环境因素，空气相对湿度低会阻碍子实体的分化，使子实体的生长停止。菌物生长要求阴湿的环境和较高的空气相对湿度，菌物生长所需空气相对湿度的高低与栽培基质的含水量密切相关，空气相对湿度直接影响栽培基质水分的蒸发和子实体表面的水分蒸发。适宜的空气相对湿度，能够促进子实体表面的水分蒸发，既促进菌丝体的营养向子实体转移，又不会使子实体因表面干燥而干缩。在菌丝体生长阶段，空气相对湿度以 70%～85% 为宜。在子实体生长阶段，一般要求空气相对湿度在 80%～90%。出菇期若空气相对湿度在 70% 以下，则会导致正在形成的菌盖变硬甚至发生龟裂，若空气相对湿度低于 50%，则子实体枯死，停止出菇；反之，若空气相对湿度过高，则形成的高潮湿环境会影响氧气的供应，导致二氧化碳和其他有害气体积累，对子实体形成毒害，减少子实体水分蒸发，妨碍菌丝体中的营养向子实体运输。出菇期若空气相对湿度在 90% 以上，则菌盖上会留有水滴，引起细菌污染，造成细菌性斑点蔓延，因此控制好空气相对湿度是菌物栽培过程不可或缺的一部分。因此，在菌物生产中应根据具体生产情况及菌物的品种来设定空气相对湿度。在工业化生产中，空气相对湿度与温度、风速等直接相关。在风速较大的情况下子实体表面的水分蒸发较快，造成虽然菇房大环境中的空气相对湿度较高，但是子实体表面小环境的空气相对湿度却较低的情况。空气相对湿度的变化会引起温度的相应变化，加湿的同时必将引起温度的降低。

2.3.3　光照

在菌物生长发育过程中，光照是一个不可忽略的因素。不同种菌物对不同波长可见光的反应不同，同种菌物不同生长发育阶段对光照强度、光质要求均有差异。在菌物生长发育过程中光照的作用机理主要是诱导作用，在光谱中加入适量紫外光、蓝光可促进子实体的形成，而黄、橙、红光基本是无效的（刘乃旭, 2016; 姜宁等, 2021）。

光照对菌物生长发育的作用具有两重性，既可以促进菌物生长发育，也可以抑制菌物生长发育。光照的作用机制是复杂的，并受其他环境因子或营养因子的影响。菌物对光照具有记忆功能，即使接受极少的光照，在黑暗环境中的生长发育也会反应。不同的光照强度、光质及光周期对菌物生长发育的影响是不同的，可能有促进作用，也可能有抑制作用。光照作为关键的环境因素之一，不仅影响菌丝体和子实体的生物学特征，还对菌物的营养物质代谢、生理生化反应具有调控作用。

根据子实体形成时期对光照的要求，一般可以将菌物分为喜光型、厌光型和中间型 3 种类型。喜光型菌物的子实体只有在散射光的刺激下，才能较好地生长发育；厌光型菌物在整个生活周期中都不需要光的刺激，如果有光照，子实体则不能形成或发育不良；中间型菌物对光照不敏感，无论有无散射光，其子实体都能够正常生长发育。例如，香菇子实体的形成需要 100～300lx 的光照强度；草菇、滑菇等在完全黑暗的环境中不形成子实体；金针菇、平菇在无光环境中虽能形成子实体原基和子实体，但其子实体畸形，不长菌盖，产量大大降低。

菌物和一般的植物不同，属于腐生生物，不含叶绿素，不需要进行光合作用，光照对菌物的影响是通过其他机理完成的。光照不仅可以改变菌物的形态，还可以影响菌物的代谢过程。有研究认为光诱导在菌物营养生长阶段向生殖生长阶段过渡时甚为重要（洪沛等, 2021）。菌物在营养生长阶段不需要光诱导，强光对菌丝生长有抑制作用，这种抑制作用主要是由波长为 380～540nm 的蓝光引起的，波长为 570～920nm 的红光对菌丝生长没有影响。与在黑暗环境中培养的菌株相比，在白色荧光灯（4 000lx）下培养的菌丝生长受到强烈的抑制，这种抑制作用在双核菌丝与单核菌丝中均有发生（应正河等, 2013）。菌物由营养生长阶段向生殖生长阶段转变需要适量的光诱导。有些菌物在黑暗条件下不能形成子实体原基，但如果给予光照，就能形成大量的子实体原基。有些菌物在黑暗条件下可以产生埋没于栽培基质内的子实体原基，这些子实体原基既没有形成明显的色素，又不能发展成气生性的子实体原基，只有那些经过光照的子实体原基才能形成子实体；且光照刺激子实体形成仅发生在光敏期，在菌丝生长晚期进行光照刺激不会形成子实体。相反，有些子实体形成后表现出光抑制性，但完全受光抑制的菌物种类很少。某些菌物子实体还有正向光性，如菌盖总向着有光的一侧伸展，改变光源方向会使子实体畸形。几乎所有菌物子实体的分化和生长发育都需要一定的散射光。

菌丝的生长是靠分解现成的有机质养分来进行的，多数菌物在营养生长阶段即菌丝体生长阶段不需要光照。菌物在菌丝体生长阶段不宜在直射光下培养，因为直射光含有紫外线，具有杀菌作用，同时直射光还会引起基质水分急剧蒸发，降低湿度，不利于菌丝体生长。在菌丝体生长阶段，一定要做好遮光处理，尤其要防止日光照射。

光照对子实体发育的影响，主要表现在子实体形态建成和子实体色泽形成两个方面，适宜的光照不但可以促进菌柄伸长，避免出现畸形菇，而且能够促进子实体色素的形成和转化。光照强度与光照时间影响子实体的分化与生长，影响子实体的质量、色泽、产量和出菇期等；不同的光照强度和光质可以改变菌柄长度和菌盖宽度的比例。不同菌物在出菇期需要的光照强度不同，强光照型菌物在出菇期需要的光照强度为 $500\sim1\,000\text{lx}$，以"四阳六阴"的荫蔽度为宜；弱光照型菌物在出菇期需要的光照强度为 $300\sim500\text{lx}$，以"三阳七阴"的荫蔽度为宜。

光的类型和波长对子实体的形成也有影响。蓝光能够抑制菌丝生长，促进子实体分化；红光与黑暗不利于子实体形成。波长是光照影响菌丝及子实体生长发育的关键因素，不同波长的光照对菌丝及子实体生长发育的作用不同，相同波长的光照对菌丝生长发育的影响与对子实体原基形成的影响也不尽相同。光谱中蓝光对菌丝生长有一定的影响，红光相对于其他波段光对菌丝生长的抑制作用较弱（黄兵，2015）。

2.3.4　空气

任何生物的生长都需要空气，菌物也不例外。几乎所有菌物都是好氧型异养真菌，通过呼吸作用消耗氧气产生二氧化碳，在生长发育的过程中，始终要求新鲜空气（氧气）。空气中的氧气与二氧化碳是影响菌物生长发育的重要生态因子。菌物不是绿色植物，菌丝分解有机质养分实际上与动物一样，是在进行呼吸作用。菌物不能利用二氧化碳，而是吸入氧气排出二氧化碳。

正常的空气中约含有 21%的氧气、0.03%的二氧化碳。二氧化碳的分压增高会降低氧气的分压，过高的二氧化碳分压必然影响菌物的呼吸作用。因此，二氧化碳浓度是影响菌物生长的一个重要生态因子。不同菌物在菌丝生长阶段都有其适宜的二氧化碳浓度范围，过高或过低的二氧化碳浓度都不利于菌丝生长。

不同菌物对氧气和二氧化碳的需求和反应有所不同，各种菌物在不同的发育阶段，对空气中氧气和二氧化碳的需求和反应也不相同。有的菌物能耐受较高浓度的二氧化碳，有的菌物对二氧化碳浓度变化较敏感。对于大多数菌物来说，如果二氧化碳浓度过高，则菌丝生长会受到严重抑制。在一般情况下，菌物在菌丝生长阶段能耐受一定浓度的二氧化碳，但在子实体阶段对二氧化碳的耐受力降低。当空气中二氧化碳浓度不利于子实体生长时，往往会产生畸形子实体。

空气流通条件（风速及通风量）也是重要的环境因子。空气流通条件可以改变其他影响因素，如温度、水分、空气相对湿度等，从而间接影响菌物生长。空气流通好，能够及时带来氧气、带走二氧化碳，有利于菌物的呼吸作用；能够降低菌物附近的水蒸气含量，从而影响菌物的蒸腾作用。

此外，栽培基质本身发酵会产生二氧化碳、氨气、硫化氢等气体，这些毒气都能杀死菌丝。因此，在人工栽培时，必须加强菇房的通风和消毒。

2.4　病　害　管　理

在生态菌物生产过程中，由外部不适应条件的作用，或其他有害生物的侵染、侵蚀，引发外形变化或内部构造变化及生理机能等障碍，如菌丝或子实体的生长发育缓慢、畸形、枯萎甚至死亡，菌物产量和品质降低等现象，统称为生态菌物病害。生态菌物病害产生的主要原因是存在争夺菌物养分及生存空间，并对菌物正常生长产生危害的微生物及病害。这是直接影响菌物正常生长的因素，因此加强对生态菌物病害的有效防治尤为重要。生态菌物的病害主要分为真菌性病害、细菌性病害和病毒病害。针对不同的病害类型所采取的防控手段不同，但都遵循如下原则：以防为主，综合防治；选用抗病害栽培品种及执行严格的栽培管理；组成较完整的防治系统，减少或控制病害来源。

2.4.1　真菌性病害

真菌性病害的病菌与寄主同属于真菌类，它们的菌丝是相互交织生长在一起的，因此很难用药物防治。若用药浓度较低，则效果不明显；若用药浓度较高，则两者都会被杀死，因此，药物防治是下策。只有"以防为主，综合防治"，在菌物栽培和生产过程中做到少污染、少发生病害，从以下几个方面着手预防，才能取得事半功倍的效果。

1. 保持环境卫生

环境条件是决定病害发生及发病程度的关键因素。菇房建设完成后，在生产前要对工厂周边进行全面清理，去除废弃料等杂物，保持环境干净整洁。灰尘表面往往附有杂菌，易通过空气流通扩散传播病害，因此要清洁地面，控制菇房内的灰尘量。厂区内每天要定时清扫，及时清除落下的营养料、培养料和残菇体，避免其成为有害生物的繁殖源。对于培养料搅拌器、搔菌机和输送带等设备，在每次使用后，必须用高压气枪或抹布彻底清洁干净。注意接种室、培养室和栽培场的清洁卫生，在室内应经常进行冲洗，喷洒杀虫剂、杀菌剂，在室外应经常打扫，清除一切杂物或污染物，并对杂物或污染物进行焚烧。

根据菇房内的具体环境，采用特定的消毒剂，如安全无害的臭氧、乙醇和次氯酸钠等。在使用前，必须认真阅读安全使用说明，穿戴适宜的防护服。在培养料灭菌后，出锅作业前要对灭菌柜周边环境进行消毒。栽培设施的累积性污染和无菌化装置维护不充分，将会增加培养料在放冷过程中吸入杂菌孢子的概率。要在夜间使用臭氧、紫外线对冷却室和接种室进行熏蒸消毒。对于发生病害的菇房，一律采取暂时性的封闭隔离措施，直至清仓且熏蒸消毒完毕方可继续使用。

室外空气中散布着大量的病原微生物，通过物理过滤能够防止微生物进入菇房的敏感区域。在菇房进气口安装空气过滤装置，可防止通风换气时杂菌孢子或害虫侵入。在空气过滤器两侧安装压力感应器，通过监控前后压力差异可确认空气过滤器是否被脏物堵塞（压力差过大）。要定期清洗更换初效、中效和高效过滤器的滤芯。在菇房内保持正压，有利于防止杂菌孢子侵入。但这会引起菇房内杂菌孢子从压力区扩散到非压力区，可以通过维持菇房内不同区域的空气压力梯度来控制空气流向，减少污染区域。如果接种室保持正压，则接种时室内空气可流向室外。

成功处理染病物可避免菇房内的病害循环，因此要尽可能彻底地消灭环境及基质中的染病物。染病物包括长了杂菌的培养料、菌包（瓶）、残菇体等。要及时辨认、隔离或清除病害，防止其扩散。搔菌前要剔除染病的菌瓶或菌包，并在搔菌过程中定时用乙醇消毒搔菌刀头。对感染杂菌的菌瓶进行蒸煮灭菌处理后，再掏瓶处理废菌料。对于承载菌包的卡板，使用后积存很多染病物需要先进行灭菌处理后再使用。对染病物进行移除时，应先用袋子装好，避免杂菌孢子通过空气传播。

栽培后的废弃菌包仍有很多营养未被利用，极易导致害虫和杂菌繁殖生长。必须将废弃菌包进行集中处理，如对其进行生物质焚烧，或将其带离菇房作为堆肥原料、饲料等。

2. 选用优质菌种及配料

选用抗病力强、性能稳定的栽培品种，提高菌种活力。生态菌物和霉菌同属真菌，有一定的生长竞争和拮抗关系。应尽可能选用具有较强抗杂菌侵染能力的优良品种，不能使用退化和老化的菌种。要严格按照无菌操作技术进行菌种接种，并且严格控制其扩繁培养过程，以生产出活力强、纯度高的优质菌种。保证菌种接种量，确保菌种完全覆盖培养料表面并接近瓶盖，减少培养料表面的空隙。及时检查菌种，如果发现菌种中有浓而短的菌丝，有一粒粒核桃肉状且有漂白粉气味的物质，或者有白色石膏状粉状物，且变黏、发臭，则坚决不用，并及时销毁以防扩散。

保障原料质量，拒绝使用带有病虫害的原料。米糠、麦麸容易吸引害虫，滋生杂菌，因此其贮藏环境必须保持干燥，要在有效期限内使用。对于针叶树木屑要堆沤充分再使用。提前 1d 备料时要避免在搅拌器中过早放入营养料，防止其发酵。培养料配方要合理，pH、水分适宜，不含杀菌剂、劣质辅料等。必须对培养料搅拌的温度和时间进行控制，防止灭菌前培养料发酵。培养料发酵产生的代谢物及培养料 pH 下降，会影响菌物菌丝的生长和后熟。对于培养料要搅拌均匀，并于当天灭菌，以保证培养料松紧合适，避免装瓶不良、含水量过高和营养过多等情况。作业结束后，对于输送线、搅拌器要在当天清洁，清除黏附的培养料。在发酵料中增加过磷酸钙和石灰粉的用量，以调节培养料的pH，避免偏酸或偏碱。生态菌物生产中一般将培养料 pH 调为 7.5～8.0，最高不超过 8.5，这样不易发生核桃肉状菌和白色石膏霉病害。对于覆土材料，要选用含腐殖质少且经过消毒处理的土壤，在覆土前要将 $1m^2$ 覆土用 5%甲醛 2.5kg 并混合 50%敌敌畏乳油 200 倍液喷洒，用塑料膜闷 24h，摊开晾干后再用。

3. 控制栽培条件

影响菌丝生长的因素，包括杂菌侵染、氧气不足、二氧化碳浓度偏高、温度和湿度过高等。在菌丝生长阶段，温度控制至关重要，要降低菌丝培养初期的培养室温度，预防杂菌发生。培养中期的菌床温度要稍低，防止高温伤害菌丝。要每天定时检查培养瓶（袋）间温度，及时调整环境温度。高温是菌物生长中容易发生的不利因素，其产生的生物学效应因具有延时性易被忽略。高温胁迫可导致菌物抗杂菌侵染能力下降，甚至导致菌棒腐烂。要保证培养室通风量小而连续，从而防止室内温差过大，避免因墙壁和菌床产生冷凝水而出现细菌性污染。培养初期的空气流动会助长杂菌侵入，因此应注意关闭空调的内循环。应保持环境清洁干燥，因为干燥条件不适合染病物生长，但是，湿度长期过低也会影响菌物产量。在日常生产管理中要查看菌丝生长速度和浓密程度，以及同批培养瓶（袋）的菌丝生长均一度。定期检查环境传感器和记录仪，必要时要重新校准。发生病害时，必须切实调查其发生原因和感染路径等。

对于发生过核桃肉状菌和白色石膏霉病害的菇房，应适当推迟接种期，当温度稳定在 25℃左右时开始接种，在温度由高变低的情况下接种出菇是比较安全的。二次发酵期间，菇房温度维持 70℃ 7h 以上，可以杀死培养料和菇房内的病菌孢子。降低菇房空气湿度、加强通风是防治病害的有效措施。在菌丝生长期间，如果外界气温高，则可在早、中、晚通风 3 次，如果外界气温低，则可在中午通风一次。每次通风 20～30min，保持菇房相对湿度为 60%～65%，不超过 70%。

在出菇阶段，水分可能是影响发病的主要环境因素。侵染性病害容易在高温、高湿环境下发生，而生态菌物生长的湿度适宜范围相对较宽，适当控湿、时干时湿的湿度管理是抑制病菌繁殖、保障生态菌物正常生长的关键。长时间的潮湿有助于杂菌生长，因此要注意控制菌床的冷凝水和加湿机的杂菌污染。菌物表面的水分蒸发有助于营养运输，促进子实体生长。为了获得满意的产量和品质，应使子实体表面水分含量与蒸发量之间达到平衡，避免加湿过度。通过控制温度、空气相对湿度和内循环空气流动度，可使子实体表面水分蒸发，但要避免造成菌物干燥、过早开伞等。食用菌是好氧性真菌，生长过程需要充足的氧气。菇房内若通风不良或湿度过大，则会导致供氧不足，从而引发气生菌丝的过度生长、子实体生长畸形等。要尽量选用墙式出菇，而不用覆土出菇。若用覆土出菇，则可将覆土掺入 10%石灰粉，将 pH 调为 7.5～8.0，最高不超过 8.5。脱袋覆土后当天不浇水，2～3d 后待表面菌丝恢复后浇一次足水，能够有效防止核桃肉状菌和白色石膏霉病害的发生。

4. 化学药物防治

使用化学药物防治应遵循最低限度原则，交替使用多种杀菌剂。对于需要覆土栽培的菌物而言，一旦发病，应立即停止向菇房和菇床表面喷水，加大菇房通风量。待覆土表层干燥后，立即清除病斑区 5cm 厚的表层覆土，并向剩余覆土层喷洒 50%多菌灵可湿性粉剂 800 倍稀释溶液或 5%苯酚溶液。2～3d 后在病斑区及时重新覆土，覆土要提前严格消毒。如果发生严重的病害，则可适量撒施石灰粉，抑制病斑区扩大。注意石灰粉不要与其他药物同时使用。

2.4.2　细菌性病害

细菌性病害是在菌物生长及生产过程中由病原细菌侵染引发的外形变化或内部构造变化及生理机能障碍等。常见的病原细菌种类有：芽孢杆菌、假单胞杆菌、黄单胞菌、欧氏杆菌等。常见的细菌性病害有：细菌性斑点病、细菌性软腐病、干腐病、细菌性褐斑病等。到目前为止，细菌性病害依然时刻威胁着我国的生态菌物生产。我国对生态菌物细菌性病害发生的理论及防治方法的研究和探索还未形成体系，基础研究相对薄弱，这就导致了生态菌物细菌性病害的防控不彻底，生态菌物产业的可持续发展受到严重影响。目前，对于细菌性病害的防控，主要从下面几个方面着手。

1. 选用抗病菌种及配料

在选用菌种方面：一是要选用抗病性强的菌种，要求菌丝浓密、健壮、均匀；二是要求菌种纯净、无污染、菌龄适宜、生命力旺盛；三是制作菌种的各环节要注意杜绝病原菌侵染，注意无菌操作。同时要保证配料的质量，要仔细筛选，确保原料无霉变及颗粒大小均匀。

2. 控制栽培条件

一般来说，预防细菌性病害的主要措施是控制栽培条件。例如，用次氯酸钙对菇房和菌床进行消毒，使培养料发酵两次，用 2%甲醛对土壤进行消毒。在栽培过程中应注意控制空气相对湿度，不要使菌盖表面积水和土壤表面过湿，减少温度波动，以避免高湿度期。在患病严重的菌床中，应减少喷水量，降低喷水频率，将菇房的空气相对湿度降到 85%以下，并采取隔离措施，防止菌丝在病区与无病区之间连接，从而阻止病害的传播。如果菌物发病，则应立即清除病菌，并及时采取消毒措施。

3. 化学药物防治

目前，防治细菌性病害最有效的方法是化学药物防治。防治细菌性病害应该使用化学杀菌剂和专用杀菌剂。被国家认证用于食用菌病害防治的药剂有 10 类，其中用于细菌性病害防治的药物有 4 类，第 1 类是多菌灵或托布津药液，多用于培养料消毒，对此类药剂应慎用，使用不当会形成超量残留，影响食品安全，严重制约食用菌出口；第 2 类是喷洒在菌褶或菌盖表面的克菌灵、万消灵，此药剂使用后与有机物反应形成卤代烃系列致癌物残留和不易分解的氰尿酸，严重影响食品安全；第 3 类是抗生素类的四环素和农用链霉素，其使用后的杀菌效果好且对菌物生长影响较小，但会有抗生素残留，食用后会降低人体免疫力；第 4 类是二氧化氯，它是目前国际上公认的一种高效、安全、广谱的杀菌剂，世界卫生组织（World Health Organization，WHO）已将其列为 Al 级安全高效杀菌剂。对不同的细菌性病害，要有针对性地选择国家许可使用的适量杀菌剂，并且按照安全施用浓度进行喷洒，否则可能会产生有毒有害物质残留。

2.4.3　病毒病害

病毒是具有生命、极其微小、无细胞结构的一类物质，它是比细菌更小，必须用电子显微镜才能看见的病原体，同时又具有大分子化学物质的特性，纯化以后可以形成结晶。病毒作为一个大分子的核蛋白结晶，一旦碰到较适合的寄主，就会通过一定的传染方式进入细胞，不断地复制，从而表现出自有的生命形式。由病毒引起的菌丝老化、菌种退化是限制生态菌物生长的一个重要因素，不仅影响菌物产量，而且严重影响菌物品质。随着市场需求及经济效益的不断提高，生态菌物栽培规模逐年扩大，生态菌物病毒引起的病害时有发生，严重时可造成10%～15%的菌物减产，每年损失高达几十亿元。因此，迫切需要明确病毒致病机理，提出有效的防控措施，减少经济损失。目前为止，人们已在双孢菇、香菇、金针菇等食用菌中检测出病毒或者类似病毒的颗粒，并且得到了一些菌物病毒的基因组序列。病毒的种类繁多，危害机制比较复杂，发病症状不稳定且不易被检测，所以对生态菌物病毒病害的防治存在一定的困难。

目前，对食用菌病毒侵入寄主后对寄主的作用机制尚不清楚，因此，在短时期内选育出抗病毒菌株或研制出高效的化学农药或生物农药来防治病毒病害比较困难。食用菌病毒主要通过正常菌丝和患病菌丝之间的胞质融合（水平传播），以及患病菌丝或患病孢子进行传播（垂直传播）。建立快速灵敏的病毒检测方法，以便在患病菌物的潜隐阶段或在患病孢子弹射之前及早发现病毒，及时清理，是控制食用菌病毒病害的一种比较有效的方法。此外，在食用菌栽培中采取严格的清洁措施，使用无病毒材料也是防治食用菌病毒病害的有效措施。可尝试通过菌丝尖端分离、原生质体再生等方式获得无病毒材料。

病毒的传播方式之一是通过患病孢子进行传播，且该种方式传播比较严重。真菌孢子的扩散性比较强，孢子成熟后会随着空气流动迅速扩散。采用紫外线灭菌、高压灭菌及在培养料中加入抑制剂等方法均不能有效阻止病毒的传播，因此要通过控制孢子的传播来防控病毒的传播比较困难，开发快速灵敏的病毒检测技术迫在眉睫。

在菌丝出菇过程中，一旦发现菌丝被污染或者菌丝有疑似病毒感染的症状，要立即处理并将其他未感染的菌丝及时进行转管培养，在患病孢子弹射之前及时清理患病菇，对菇房采取严格的清洁措施，防止细菌、霉菌、病毒等混合感染生态菌物，这能在一定程度上对病毒的传播起到防治作用。

菌丝间融合传播病毒大多只限于同一品种的菌物之间，因此在进行生态菌物栽培时，为了避免病毒的传播，可以将不同品种的菌物置于同一培养室内进行培养。

2.5　采　摘　管　理

目前世界食用菌资源有 2 000 多种，其中中国食用菌名录有 936 种，包含可人工栽培的食用菌约 60 种（李玉，2018；戴玉成等，2010），已商业化规模栽培的食用菌主要有双孢菇、姬松茸、香菇、平菇、秀珍菇、猪肚菇、大球盖菇、榆黄蘑、鲍鱼菇、杏鲍菇、白灵菇、黑木耳、毛木耳、金针菇、滑子蘑、草菇、猴头菇、茶薪菇、茶树菇、鸡腿菇、灰树花、银耳、赤芝、松杉灵芝、紫芝、白肉灵芝、茯苓、天麻、海鲜菇、蟹味菇、鹿茸菇、元蘑、竹荪、蛹虫草、羊肚菌、金福菇、长根菇（黑皮鸡枞）、绣球菌、桑黄、黑牛肝菌（暗褐网柄牛肝菌）、栗蘑等。2020 年产量超过百万吨的食用菌有香菇、黑木耳、平菇、金针菇、双孢菇、杏鲍菇和毛木耳。

采摘是食用菌生产过程中的重要环节。实践证明，采摘时间和采摘方法不当，将极大地影响食用菌的品质。不同食用菌的采摘时间和采摘方法存在很大差别，不同食用菌具有不同的采摘标准，有些食用菌的采摘涉及转茬管理，有些食用菌的采摘涉及干燥处理，以便于食用菌的运输保存和后续的深加工处理。下面主要从采摘标准、转茬管理和干燥方式 3 个方面对食用菌的采摘管理进行介绍。

2.5.1　采摘标准

截至 2020 年 1 月，国家标准化管理委员会发布的食用菌国家标准和行业标准共 135 项。其中食用菌国家标准有 41 项，包括强制性标准 13 项，推荐性标准 26 项，指导性标准 2 项；食用菌行业标准有 94 项。这些食用菌国家标准和行业标准共涉及食用菌 25 种（平菇、金针菇、黑木耳、香菇、双孢菇、草菇、松茸、美味牛肝菌、杏鲍菇、白灵菇、鲍鱼菇、银耳、灵芝、蛹虫草、口蘑、毛木耳、灰树花、姬松茸、竹荪、元蘑、蜜环菌、猴头菇、茶树菇、滑子菇、白玉菇）。

1. 食用菌的采摘原则

（1）掌握最佳采摘期。各种食用菌在七八分成熟时，其外观优美，口感好。

（2）注意采摘方法。对于带柄的食用菌必须依据采大留小的原则进行采摘。针对胶质体和带柄的食用菌，采摘时应用手捏紧菌柄的基部（对于胶质体食用菌须轻捏基部），先左右旋转，再轻轻向上拔起，注意不要碰伤小菇蕾。针对丛生状的食用菌，采收时应该用锋利小刀从基部将整朵割下，注意保持朵形的完整。

（3）选择适宜天气。在晴天采收食用菌有利于加工，阴雨天一般不宜采收，阴雨天含水量高，影响食用菌品质。如果食用菌已成熟，则在阴雨天也要适时采收，注意要抓紧加工。对黑木耳、银耳之类，可停止喷水、加强通风，等天晴时采收。

（4）采摘前停水控湿。用于保鲜或脱水干燥的产品的加工，必须排湿或脱水。如果在采摘前喷水，则菇体含水量过高，加工时菌褶变褐，经脱水烘干，菌褶会变黑，导致产品不美观，因此采摘前应停止喷水，让菇体保持正常水分，这样不仅外观优美，而且商品价值高。

（5）配用合适盛器。采下的食用菌，宜用小笼筐或小篮子装盛，并要轻放轻取，保持子实体的完整，防止食用菌互相挤压损坏，影响品质。不宜采用麻袋、木桶、木箱等盛器，以免造成食用菌外观损伤或霉烂。对采下的食用菌要按菌体大小、朵形好坏进行分类，分别装入盛器，以便分等加工。

2. 我国大规模栽培食用菌的采摘标准

1）平菇的采摘标准

在平菇菌盖充分展开、菌肉丰厚饱满、未出现卷边和孢子散发时采摘最好。一等品平菇鲜品的感官要求为：菌盖肥厚，表面无萌生的菌丝，菌柄基部切削平整、干爽、无黏糊感，菌盖直径为 3～5cm，无异味，有平菇色泽。采摘时要注意方法，同一簇平菇，如果大部分成熟，则无论菌盖大小，都要同时采摘。采摘时，要用手捏住菌柄基部拧下来，不得硬拔。在采摘前 2～3h 喷一次水。

2）金针菇的采摘标准

应该在金针菇子实体充分生长、菌盖边缘内卷未开伞时采摘。一等品金针菇鲜品的感官要求为：菇体均匀整齐，新鲜完好，不开伞；具有固有色泽；菇体表面无杂质，干燥无水渍，无机械损伤；有金针菇特有的香味，无异味。采摘时应佩戴洁净手套，一手压住培养瓶或培养袋，一手握住菇丛，整丛拔起，剪除根须并去除杂质。采摘后的金针菇宜放入洁净干燥、不易损伤的包装容器，避免雨淋、日晒。

3）香菇的采摘标准

应该在香菇菌膜初裂、菌盖边缘下卷呈扁半球形时采摘。采摘前 12h 停止喷水，采摘时佩戴手套，用手捏住菌柄基部将整菇采下，防止将栽培基质带出。

4）双孢菇的采摘标准

应该在双孢菇菌盖长至 3～4cm、菌膜尚未胀破时采摘。采摘时，将双孢菇子实体旋转采下，避免菌柄受伤；尽量不要带出菌床上的菌丝、栽培基质和覆土，去除残留在菌柄上的菌丝、栽培基质和覆土，及时切除菇脚，放入包装容器，避免二次包装。如果在采摘后再切菇脚并须清洗，则应及时干燥菇体，避免过度通风。采摘和包装时要避免菇体间挤压或碰撞，采摘下来的双孢菇菇体要新鲜。不同品种的双孢菇颜色会存在差异，但同一包装内的双孢菇色泽应保持一致，为白色或奶白色；菌盖呈球形或半球形；根据市场需求确定菌盖卷边的张开程度。应保证双孢菇菇体有弹性，无异物和外来水分，无机械损伤、腐烂或病害。

5）黑木耳的采摘标准

在黑木耳耳基收缩、耳片展开时选择晴天分批采摘。采摘前 1～2d 应停止喷水。采摘时用拇指和食指捏住黑木耳耳根，稍加扭动向上一拉即可。采摘时不应将黑木耳耳根留在菌棒内。应将采下的耳片清理干净，将丛生的朵形黑木耳按耳片状分开。

6）毛木耳的采摘标准

在毛木耳耳片反卷 1/4～1/3 时采摘。采摘前 2～3d 停止喷水，使毛木耳背毛充分生长，当耳片已充分展开、边缘开始卷曲、耳基变小、腹面可见白色孢子粉时，可进行采摘。若采摘过早则影响产量，若采摘过晚则耳片晒干后不平坦，外感较差，一般从子实体原基分化到采摘的时间越长越好。采摘时用锋利的小刀或用特制小弯刀把成熟耳片割下，切勿伤及小耳和损伤料面。

7）白灵菇的采摘标准

在白灵菇子实体长至七八分成熟（即菌盖带有铜锣边）时可采摘，一般只采摘一次，偶尔可采摘两次。采摘前 2～3d 停止喷水，用手握住子实体基部轻轻旋下，削去基部残留的栽培基质，用消毒纸包装，整齐地码在泡沫箱内。

8）草菇的采摘标准

草菇自接种后，在适宜的栽培条件下，一般 9～11d 即可采摘，一般可采摘 2～3 茬。草菇采摘适宜期为卵形期，即外菌膜尚未破裂、包裹在其中的菌柄尚未伸长、中间尚未形成明显空腔、菌蕾的手感较硬实。采摘时，应避免碰伤邻近小菇。草菇采摘完后，先及时将残留的菇体清除干净，然后喷水并提高菇房温度为 30～32℃，促进菌丝恢复生长，再进行出菇管理，直至栽培结束。

9）鲍鱼菇的采摘标准

鲍鱼菇在菌盖直径 4～8cm，边缘稍内卷，呈黑灰色、靛黑色、黑褐色，尚未弹射孢子时为最佳采摘期。采摘时，一手压住袋口栽培基质，一手捏住菌柄轻轻扳动，将菇体摘下。采摘后，削去残留在菌柄上的栽培基质、杂质及柄基变黄部分，留柄长 1～2cm，装入干净的专用容器。要及时预冷，整理分级，进行包装或加工处理。

10）猴头菇的采摘标准

在猴头菇子实体七八分成熟时应及时采摘，即子实体大小基本长足、饱满坚实，孢子还未落下，菌刺长 1～1.5cm。采摘时用手捏住其基部轻轻扭转摘下，去掉基部栽培基质，置于清洁卫生的容器中。

11）银耳的采摘标准

在银耳菌袋收缩出现褶皱、变轻，耳片边缘干缩、有弹性时进行采摘。采摘银耳的方法为一次性采收，采摘整个子实体。

12）灵芝的采摘标准

灵芝的子实体采摘标准为菌盖不再增大、边缘有增厚层，菌盖表面的色泽一致。采摘方法为在晴天先用果树剪在灵芝留柄 1.5～2cm 处剪下菌盖，然后沿其基部剪下菌柄；也可整体采下，进行二茬灵芝管理。采摘的子实体应及时烘干或晒干，密封保存。

灵芝孢子粉的采收标准为：菌盖有大量的褐色孢子弹射并且弹射量逐渐减少。采收方法有以下 3 种。

（1）套袋采粉。在灵芝菌盖边缘黄白色生长圈即将消失、开始弹射孢子时，在地面铺设薄膜或无纺布，在灵芝菌柄基部将薄膜或无纺布结扎成袋，袋口朝上。菌盖部分用白色纸板或无纺布围起，须留些小孔，增加透气性，并在筒上方加盖纸板或无纺布，防止孢子粉逃逸，盖板要与灵芝菌盖有 5cm 的空隙。套袋采粉期间要注意通风，在采粉期芝棚两头薄膜须敞开，保持空气相对湿度在 75%～80%。之后取下套筒，先采收套筒内侧和灵芝菌盖上的孢子粉，再用工具将菌柄基部扎袋内孢子粉取出，最后套回套筒，继续培育，一般 15d 左右采摘一次。采收子实体时，掀开盖板，取下套筒，依次刷下积在套筒内侧和灵芝菌盖上的孢子粉，剪下灵芝菌盖，向上取出扎袋，收集扎袋内孢子粉。

（2）风机吸附采粉。用风机加布袋组成的孢子粉收集器收集孢子粉。当灵芝孢子开始释放时，将孢子收集器放置在芝棚中间，距离地面 1～1.5m，开动风机，形成负压流，采集灵芝孢子粉。

（3）地膜覆盖采粉。在成熟后的每行灵芝中间排放双层条状地膜，接收降落的孢子粉。在采摘灵芝子实体时，先用专用的软毛刷把菌盖表面孢子粉刷入专用的容器，然后再采集地膜上的孢子粉。采集时只采集上层膜粉，将下层孢子粉弃之不用。

13）竹荪的采摘标准

在竹荪菌裙完全展开而子实体尚未液化自溶时，立即采摘，用锋利的小刀从菌托底部切断菌索（切忌用手拉扯，以免影响旁边的竹蛋生产），剥离菌盖，保持菌体完整，横放在盛具里。网丝状菌裙很脆，弄破会影响品质，因此盛放时要避免挤压。采摘时间一般为上午 8～9 时，若竹荪批量较大，中午、下午也有菌裙开放，则必须做到成熟一朵，采收一朵，以免造成损失。

2.5.2　转茬管理

转茬管理又称转潮管理，一般是指从第一茬菇采摘结束到下一茬菇形成的过程和技术措施。在食用菌的生产过程中，菌丝由营养生长阶段到生殖生长阶段形成子实体需要一个转化过程，所以大多数食用菌是多茬次出菇、分批次出菇。这些食用菌在一茬菇采摘完毕后，在栽培基质营养有保证的情况下，会重新进入养菌期。在养菌期对菌包进行管理称为转茬管理。在计算食用菌产量时，二茬菇、三茬菇甚至四茬菇等都是食用菌产量的重要指标，因此转茬管理是食用菌栽培流程中的重要环节。

转茬管理一般在每茬菇采摘后就立刻进行。在每茬菇采摘后，应及时清理料面死菇和残留菌柄，转而进入养菌期。养菌期是为了重新让菌包中的菌丝生长，恢复菌丝活力，充分利用栽培基质中未被利用的营养，节约资源，也是为下一次出菇打基础，因此在养菌期对菌包温度、空气相对湿度、通风换气的管理尤为重要，直接影响下茬菇的产量。通常来讲，在转茬管理中养菌期一般是 5～7d，温度低时可延长至 15d 左右。养菌期要视菌床或菌袋失水程度进行补水，要一次性补足，先稍晾后再进行催蕾和出菇管理。

1. 平菇的转茬管理

在平菇第一茬菇采摘结束后，要及时清理料面，去掉残留的菌柄、烂菇，停止喷水 3～7d，保持通风，并盖塑料薄膜保持温度在 18～25℃，等待菌丝恢复后进入下一茬菇的水分管理。为了提高第二茬菇的产量，结合水分管理，可在 100kg 水中加 0.2kg 磷酸二氢钾，喷洒菇体，10～12d 第二茬菇现蕾。如此反复管理，一般可出 3～5 茬菇。

袋栽平菇一般出两茬后，经过转茬管理还能继续出菇，但出菇少，菇体小且不整齐，经济效益低。采用覆土出菇方法则有利于增产。覆土方法是：在菇棚内开沟整畦，挖宽 1m、深 20～30cm、长度不限的沟畦，在畦与畦间留 50cm 宽的人行道。先将出过两茬菇的菌棒两头料面清理干净，脱去塑料袋，截成两段，竖直排放在沟畦内，然后用肥沃的菜园土填充菌棒间的缝隙，并在菌棒表面盖土 0.5～1cm 厚。覆土后，在沟畦内灌大水一次，以浸透菌棒为宜。在出菇适温条件下，7d 左右就有菇蕾出现。按出菇要求进行管理，可继续采菇 4～7 茬。

2. 香菇的转茬管理

在香菇第一批采摘后，要及时清理菇根、死菇等残留物，进行休菌，使采过的菇穴里菌丝变白或稍有转色，积累养分，以利于下茬菇生长。第二茬菇的转茬管理为：菇棚停止喷水，在养菌的前 3d 先对菇房进行消毒，将菇房温度保持在 20～23℃，然后揭膜通风，晾干菌棒，7～10d 后用钢管注水针给菌棒加压注水或浸水，使菌棒含水量接近原重量标准。经过一干一湿处理后，在菌棒表面覆薄膜保温保湿，促使菌丝恢复生长，3～5d 后开始温差刺激，保持昼夜 10℃以上温差，迫使菌丝体分化菇蕾，形成新的菇潮。第三、四茬菇的转茬管理，是在第二茬菇采摘后，按上述方法继续补水促菇管理。香菇可集中采摘 3～4 茬。

3. 金针菇的转茬管理

采摘金针菇后，清除栽培基质表面残柄，剔除个别料面上板结的老菌丝，尽量减少机械损伤，保护原有菇子实体原基。适当通风降温。在出菇阶段，为了采摘到盖小、柄长、色浅、肥嫩的优质金针菇，一般在菌袋上覆盖一层薄膜，以保证金针菇生长所需的空气相对湿度，并创建一个二氧化碳浓度较高的微环境。但高空气相对湿度、高二氧化碳浓度不利于重新催蕾，因此可早晚揭膜进行通风换气，促使菌丝尽快形成子实体原基，加速转潮。金针菇可以在黑暗环境中形成子实体原基，但形成的数量远不及在微弱散射光环境中多，因此在转茬时要给予一定的散射光。金针菇子实体原基形成的最适温度为 13～15℃。如果气温偏高，则可以在菇房空闲地加大喷水量，全面通风降温。应注意的是，温度高时空气相对湿度不能太大，否则会使菇脚变黑，绒毛增多，进而引起病害。如果温度偏低，则可以喷洒热水或给菇房加温，避免因温差过大而延缓子实体原基的形成，影响菇蕾的生长，不利于转茬。栽培基质含水量要适宜，栽培基质含水量达 65%～70% 时才能保证金针菇的正常生长及后期顺利转茬。如果栽培基质较干，则可以一次在菌袋内加入较多的清水，2～4h 后倒出多余的水，一般在每袋栽培基质中补充 50～100mL 的水。

采摘第一茬菇后，应选择菌棒另一端进行出菇，这样可加快转茬，保证第二茬菇产量与第一茬菇相当。但要注意的是，菌丝没有发透或有杂菌感染的菌袋不宜在菌棒另一端出菇。袋栽金针菇常出现四周出菇、中间没有或很少出菇的现象。在培养基中加入 20%的杂木屑，不仅可以有效防止四周出菇，而且可以促进子实体原基形成。

4. 黑木耳的转茬管理

在采摘每茬黑木耳后要清理干净耳床，并进行一次全面消毒。清理耳根和表层老化菌丝，促使新菌丝再生。将菌袋晾晒 1～2d，使菌袋和耳穴干燥，防止杂菌感染。停水养菌 5～7d，第 8 天开始喷细水，保持菌棒湿润，待新耳芽形成后进行下一茬出耳管理。黑木耳一般可以采摘 3 茬。

5. 杏鲍菇的转茬管理

在采摘第一茬杏鲍菇后，将出菇口、面清理干净，并清洁菇棚，降低空气相对湿度，提高棚温，遮光，使菌丝恢复生长。待子实体原基再现后，可重复出菇管理。杏鲍菇一般可以采摘 1～3 茬，但产量主要集中在头茬；也可以选择覆土培养，提高下一茬菇的产量。覆土培养是将杏鲍菇脱去菌袋，将菌棒码放整齐，覆盖 1～2cm 经过消毒杀虫、加 1%石灰的肥沃田园土，喷水调节含水量为 30%～40%，促进出菇。

6. 榆黄蘑的转茬管理

在采摘一茬榆黄蘑后，先清除死、病菇，停水养菌 3～5d，喷重水增湿、催蕾，再对环境进行控制。菇棚温度不低于 10℃，不高于 30℃，最适宜温度为 18～26℃。向菇棚地面及四壁喷雾状水，将空气相对湿度保持在 85%～95%，并给予散射光照，每天通风换气 2～3 次，每次 30min。也可以在一茬菇采摘后，采用覆土栽培的方式提高产量，将出一茬菇后的菌袋脱去，将菌棒横排在畦内，也可将菌棒截成两段，竖排在畦内。畦一般宽 1～1.2m，深 25～30cm，长度不限。为了保持菌棒的湿度，应采用一边摆放菌棒、一边覆土的方法。覆土厚度为 3～4cm，覆土过薄或过厚均会影响菇体生长。

在林下或者大田栽培榆黄蘑，应在阳畦上搭建拱形竹片，盖上塑料膜和遮阳网，保温保湿。在适宜的环境条件下，一般 7～8d 可现蕾出菇，此时要增加空气相对湿度，为 85%～90%，给予一定的散射光照，保持温度为 15～25℃，并根据子实体生长情况，适量通风换气。如果遇到高温天气，则要利用夜间气温偏低的时间进行通风换气。若菇棚内温度过高，则可结合通风换气向四壁、棚顶喷水，向空中喷雾以降低菇棚温度，避免高温、高湿引起大规模烧菌和杂菌感染。

7. 滑子菇的转茬管理

当采摘一茬滑子菇后，应保持空气相对湿度为 85%～90%，2d 以后每天喷 3～4 次水，以利菌丝恢复生长。在二茬菇采摘后可用喷雾器喷适量三十烷醇、催菇丰、菇壮素、富尔 655、滑子菇增产素等营养药。发现菇蚊、菇蝇时，要及时喷洒菇类专用药。当棚内温度降到 10℃以下时，应加盖两层塑料布，适当去掉遮阳物，增加自然光的透入。要采取外增光内遮荫等措施，使棚内温度达到 20℃左右，延长出菇时间，达到高产目的。

2.5.3　干燥方式

中国食用菌工厂化总产量占全球食用菌产量的 43%，栽培最多的是金针菇，其次是杏鲍菇、双孢菇、海鲜菇、香菇、蟹味菇等，且种类不断丰富。近年来，随着食用菌工厂化栽培技术的日趋成熟，生鲜食用菌的产量进一步提高，但由于生鲜食用菌的含水量高达 70%～95%，极易腐败变质，不耐贮藏，价格严重下滑，这严重制约了食用菌产业的健康发展。下面主要介绍食用菌干燥前处理技术和干燥技术。

1. 干燥前处理技术

对生鲜食用菌进行干燥处理之前，通常会对其进行干燥前处理。目前针对生鲜食用菌主要有 4 种干燥前处理技术，分别是热烫处理、渗透脱水处理、超声波处理和高压电场处理。不同干燥前处理技术的处理效果和原理各有不同。

1）热烫处理

热烫处理可软化产品的原料组织，钝化酶活性，预防产品某些品质的破坏，提高干燥效果。热烫处理多使用水蒸气或热水热烫，可提高最终产品的可接受性，避免由酶促反应造成的褐变和风味改变，以及功能特性的改变。

2）渗透脱水处理

渗透脱水处理是借助高渗透压溶液，除去原料中的部分水分，抑制微生物生长。经渗透脱水处理的产品仍具有原料的原有风味、色泽、质构及营养。作为食用菌原料前处理技术，渗透脱水处理技术与许多干燥技术有机结合，可提高产品干燥速率、产品理化与感官品质，降低能耗及生产成本。渗透脱水处理技术的应用面临难以精确控制渗透液浓度、难以回收利用渗透液、难以避免渗透期间的微生物污染等问题。

3）超声波处理

超声波处理是将超声波作为一种物理能量形式，使介质粒子振动，产生超声空化效应。这种技术的优点是能使原料组织产生一些微小孔道，可提高干燥速率、缩短干燥时间和降低能耗，可减少食用菌表面的汽化阻力，促进内部水分扩散，提高产品干燥速率和干燥品质。当然这种方法也存在局限性，超声能量在物料内部的传递速率和利用率还有待提高。这种处理技术与其他干燥技术的组合使用，还有待进一步研究。

4）高压电场处理

高压电场处理是利用离子束与物料中水分子间的相互作用，使水分子由无规则运动转为沿电场强度增加的方向做定向运动，在干燥过程中物料温度不升高，可有效保留营养成分。高压电场处理技术是近年发展起来的一种新型干燥技术，其最大特点是被干燥物料不升温，可在较低温度（20～45℃）下实现干燥，产品色、香、味和生物活性成分保留率提高，效果接近冷冻干燥，能耗与设备成本低于真空冷冻干燥，但干燥速度相对较慢。只有对一些比较名贵的食用菌产品，才会使用这种处理技术。

2. 干燥技术

常见的食用菌干燥技术有太阳能干燥、热风干燥、流化床干燥、红外干燥、微波干燥、真空冷冻干燥、微波冷冻干燥、微波真空干燥和联合干燥等。不同干燥技术对产品品质的影响不同。

1）太阳能干燥

太阳能干燥以太阳能为能源，使物料直接吸收太阳能或与太阳集热器加热的空气进行对流换热而获得热能，将能量传至物料内部，使水分从物料内部以液态或气态形式扩散至表面，从而实现物料的干燥。与自然干燥相比，太阳能干燥提高了温度，缩短了物料干燥时间，可避免风沙、灰尘等污染；与普通能源干燥相比，太阳能干燥节能环保，运行费用低。但太阳能干燥受外界气候影响较大，可控性差，热效率低，占地面积大。

2）热风干燥

热风干燥是以热空气为干燥介质，利用煤、石油、天然气等提供热量，使热空气经风机进入干燥室内，使物料表面的水分因受热汽化而扩散至周围空气中，在干燥期间传质、传热同时进行，但方向相反。热风干燥温度过高或干燥时间较长，可引起物料色泽劣变和营养成分降解，且热效率低，但其投资较低、操作方便、易于控制，仍是目前食用菌干燥的常用方法之一。因此，依据物料特性，寻找适宜的热风干燥条件是食用菌热风干燥技术研究的关键问题。

3）流化床干燥

流化床干燥的设备要求简单，物料与干燥介质接触面积大，传热效果好，温度分布均匀，干燥速度快，可实现快速干燥，特别适用于颗粒状和粉状物料的干燥。采用流化床干燥技术，传热系数较高，干燥时间短，能耗较低，可使物料在高温热风干燥的条件下短时间内达到安全含水量。

4）红外干燥

红外干燥可有效替代热风干燥，其红外波长较长，穿透能力较强，可渗透到物料内部，使分子与原子之间因高速摩擦而产生热量，减少对产品质量的破坏，干燥时间短且能耗低，更适于叶片类蔬菜的干燥。红外干燥技术常常会因物料自身特性而无法保证各部分的干燥均匀性，易出现未干透、不均匀、焦煳色变等问题，对产品的品质影响极大。因此，一般采用将食用菌切片或与其他技术联合干燥的方法，解决食用菌干燥不均匀的问题。

5）微波干燥

微波干燥利用微波发生器将微波辐射到物料上，使物料内部水分子发生极化并沿着微波电场方向整齐排列，随着高频交变电场方向的交互变化而转动，使水分子间产生摩擦热，物料表面和内部同时升温，大量水分子从物料中排出而达到干燥的目的。在微波干燥时，能量直接与食用菌物料耦合，物料周围空气不被加热，能量利用率高，干燥速率快且加热均匀，很少发生物料表面过热与结壳现象。但微波干燥因速率快而有可能使物料过度干燥，产生焦煳现象，因此，采用微波干燥时应注意控制干燥时间。

6）真空冷冻干燥

真空冷冻干燥是利用冰的升华原理，将物料中的水分先由液态转变为固态，再由固态转变为气态的低温干燥技术，可最大限度地保持产品的色、香、味、形和营养成分，保证产品的质量。真空冷冻干燥温度低，可减少食用菌干燥时粗蛋白质、多酚、维生素等的损失。与其他干燥技术相比，该技术避免了物料可溶性物质因内部水分梯度扩散向外移动而造成的营养损失，产品呈海绵状多孔结构，复水性好。真空冷冻干燥的缺点在于干燥时间长，能耗和成本较高。

7）微波冷冻干燥

微波冷冻干燥是在真空条件下，利用微波辐射冻结状态的物料，在高频交变电磁作用下使水分子发生振动和相互摩擦，将电磁能转化为水分子升华所需要的潜热而达到干燥的目的，具有高效、低温的特点。微波冷冻干燥以微波为加热源，能大幅缩短食用菌冷冻干燥的时间，产品质量较高。但干燥室中的微波场分布不均，易出现物料加热不均匀等问题。受微波场分布和物料质热传递的影响，食用菌会出现干层热失速、冻结层冰融、回波损伤等现象。水冻结后介电常数大幅降低，使食用菌吸收微波的能力下降，加上微波穿透能力有限，制约了该技术在实际生产中的应用。

8）微波真空干燥

微波真空干燥结合了微波干燥和真空干燥的技术优势，能较好地保留物料原有的色、香、味、热敏性及生物活性，具有干燥速率快、时间短、物料温度低等优点。微波真空干燥是一种较为理想的替代传统干燥技术的食用菌干燥技术，它克服了传统干燥技术能耗高、效率低、周期长等缺点，使产品品质接近冷冻干燥。但加热不均匀和排湿困难是限制其应用的主要技术难题。微波真空干燥的物料到后期呈多孔结构，导热性差，因此它对物料尺寸和形状的要求苛刻，且物料层不宜过厚，否则会引起微波加热不均。一般物料层越薄越均匀，微波真空干燥效果越好。

9）联合干燥

联合干燥是根据物料特性，将 2 种或 2 种以上干燥技术进行优化组合，分阶段进行干燥的一种复合干燥技术，在提高物料干燥速率、降低能耗和提高产品质量方面具有独特优势。联合干燥结合不同干燥技术的优点，避免了单一干燥技术的缺点，降低了生产成本。

2.6　保　鲜　贮　藏

食用菌在市场中通常以生鲜食用菌的形式流通。与其他新鲜果蔬一样，鲜菇在采摘后仍具有呼吸作用及代谢活动。鲜菇含水量高，脆嫩，缺乏有效的保护组织，因此采后贮存及运输很容易出现机械损伤及微生物侵染等问题，从而引起子实体变色、萎缩、品质下降甚至腐烂等，造成巨大的经济损失。我国的食用菌出口多为初级产品，缺乏精深加工的创新技术。因此，对食用菌的保鲜贮藏技术进行研究、解决食用菌在贮藏运输中的品质下降等问题、减少经济损失对食用菌产业的发展尤为重要。

新鲜农产品贮藏主要有物理贮藏和化学贮藏两种方式。每种方式又衍生出很多新技术，各自依托不同的保鲜原理。各种保鲜技术的侧重点不同，但都通过对保鲜品质起关键作用的三大要素进行调控：第一是控制食用菌衰老进程，一般通过控制呼吸作用来实现；第二是控制微生物生长，主要通过控制腐败菌来实现；第三是控制内部水分蒸发，主要通过对环境空气相对湿度的控制和细胞间水分的结构化来实现。目前主要运用的物理贮藏技术有冷藏保鲜、速冻保鲜、冷冻干燥保鲜、室温臭氧保鲜和辐照保鲜等。化学贮藏技术即用化学药品贮藏保鲜，利用具有抑制酶活性的化学药品（如盐酸、维生素 C、苯并咪唑等）来处理食用菌，抑制食用菌的呼吸作用和代谢活动，从而达到延缓食用菌衰老、腐烂的目的。每种保鲜贮藏技术都有各自的优势和劣势，因此应针对不同的食用菌品种采用适宜的方法。

2.6.1　辐照保鲜技术

1. 辐照保鲜技术的机理及特点

辐照保鲜技术不需要任何添加物，与低温、干燥、速冻等保鲜技术同属于物理贮藏技术。辐照保鲜技术是利用电离辐射产生的原子能射线对子实体进行照射处理，主要通过抑制食用菌子实体的呼吸作用减少乙烯的产生，从而延长食用菌的贮藏期，同时还能有效抑制子实体中可以引起腐烂的微生物、害虫的繁殖生长，从而达到保鲜贮藏的目的。

1）辐照保鲜技术的优点

（1）对微生物的致死性效果显著，可以依据不同产品选择不同的射线强度，操作方便。

（2）放射线的穿透力强、能量大、作用均匀，能够穿透产品包装材料到达产品的深处，在不打开产品包装的情况下就可以杀死微生物，具有独特的优势。

（3）几乎不产生热效应，不会使产品本身温度升高，可以极大地保持产品原有的特点（如外观、硬度、口感等）。

（4）方法简单、快捷，可对已包装或堆放好的原料进行杀菌处理。

（5）节约能源。根据国际原子能机构（International Atomic Energy Agency，IAEA）的统计分析，冷藏农产品每吨耗能 90kW·h，热处理灭菌每吨耗能 300kW·h，而辐照贮藏农产品每吨耗能 6.3kW·h，辐照灭菌农产品每吨耗能仅 0.76kW·h，极大地减少了能源消耗。

（6）无二次污染，无残留，安全卫生。利用射线杀灭微生物，处理后不会产生有害残留，且辐照源处于密闭条件，不会使产品本身接触放射性核素。

2）辐照保鲜技术的缺点

（1）辐照对食用菌中微生物作用的同时，也影响食用菌本身的品质，可能引起食用菌成分的变化，导致出现异味或口感下降等情况。

（2）用来包装食品的材料只有得到美国食品药品监督管理局（Food and Drug Administration，FDA）认可后才能用于辐照食品包装，否则辐照后可能会产生气体渗入产品中，导致产品质量下降。

（3）辐照可能引起食品成分（如脂类、维生素、碳水化合物等）的分子结构改变，导致产品营养成分减少。

辐照保鲜与冷藏保鲜等技术同时使用，在延长食用菌产品贮藏期上效果更佳。研究表明，经过适宜剂量的辐照处理，辅之以冷藏保鲜，生鲜食用菌可延长贮藏期 1～2 周，最长达 30d，平菇可延长贮藏期 20d，草菇经辐照处理也能保存更久。虽然尚未见到金针菇辐照保鲜的报道，但有研究表明金针菇采摘后其呼吸强度变化曲线、氮素组成、碳水化合物含量变化规律与平菇接近，因此，金针菇辐照保鲜也是可能实现的（马超等，2020）。辐照保鲜能延缓食用菌子实体的成熟，但对已成熟（开伞）子实体的保鲜效果不尽理想，因此要掌握好食用菌的采摘时机。

2. 辐照保鲜技术的影响因素

辐照剂量对保鲜效果影响较大。当菌物子实体的辐照剂量为 0.1～1.0kGy 时，可抑制微生物的生长和繁殖；当辐照剂量为 5～10kGy 时，可杀灭一些非芽孢致病菌（如沙门氏菌、大肠杆菌和葡萄球菌等）。虽然辐射剂量越高对菌物呼吸作用的抑制与对微生物的灭杀效果越明显，但菌物子实体本身存在对剂量的耐受极限，当剂量超过耐受极限时，菌物子实体可能会出现塌软等现象。

虽然辐照保鲜对菌物子实体的新陈代谢、酶的活性有抑制作用，辐照剂量越大，则抑制时间越长，但是菌物需要一定的新陈代谢来维持其新鲜度，因此高剂量辐照的保鲜效果并不理想。例如，研究电子束辐照对双孢菇外观品质的影响表明，辐照后第 10 天，4.5kGy 辐照剂量处理的白灵菇开始出现褐变、软化、菇面开裂现象；第 15 天，CK（空白试验）和 1.0kGy 辐照剂量处理的白灵菇也开始出现上述现象，且 CK 有轻微的腐烂现象，此时 4.5kGy 辐照剂量处理的白灵菇情况比第 10 天时更严重；第 20 天，1.5kGy 辐照剂量处理组也发生褐变、软化、菇面开裂，此时 CK、1.0kGy 辐照剂量和 4.5kGy 辐照剂量处理组进一步劣变，并且有异味，已失去商品价值。外观品质的好坏直接影响产品的商品价值，对评价产品品质的好坏有非常重要的意义。从外观来看，2.0kGy 辐照剂量处理的双孢菇保鲜时间最长，效果最好；4.0kGy 辐照剂量处理的双孢菇保鲜时间最短，且出现褐变、软化现象，严重影响其产品价值。

辐照处理后的贮藏温度对菌物保鲜效果有较大影响。例如，将经过辐照处理的双孢菇置于室温下，最长贮藏期为 5d；置于（4±2）℃的温度下，贮藏期达 30d，其破膜、开伞率皆为 0。

不同菌物种类、同一菌物不同品种，辐照保鲜的效果不同，这主要是因为各种菌物产品对射线的敏感性和耐受力不同，如在 2.0kGy 辐照剂量处理下双孢菇保鲜时间最长，在 3.0kGy 辐照剂量处理下白灵菇保鲜时间最长。

另外，辐照介质影响辐照保鲜效果。产品新鲜度不同，使用的辐照剂量不同。产品含水量也会影响辐照保鲜的效果。一般来讲，产品含水量低，更有利于产品的辐照保鲜。

3. 辐照食品的安全性

对辐照保鲜的研究可以追溯到 20 世纪 50 年代的美国，此后其他国家也陆续开展相关研究。对于辐照保鲜，早在 1980 年 11 月，联合国粮食及农业组织（Food and Agriculture Organization of the United Nations，FAO）、IAEA 和 WHO 的联合专家委员会在总结各国食品辐照研究成果的基础上，得出"平均辐照剂量在 10kGy 以下的食品均无毒害作用，可无条件批准上市"的结论。中华人民共和国卫生部也于 1984 年 11 月正式发文，无条件批准蘑菇等 7 种辐照食品上市。事实上，对于蘑菇的辐照保鲜技术，国外已经应用于产品生产，荷兰、美国、加拿大等国制定了各自的辐照保鲜法规。我国一直十分重视辐照食品的安全，对其进行了大量的毒理试验和动物试验，结果显示，食用辐照保鲜食品对健康并无危害，因此消费者对辐照食品安全性不必担忧（孟晓烨，2014）。

在农产品、食品进出口贸易中，辐照检疫是一个有利手段。为了解决昆虫造成的危害，各国都规定进口产品中禁止携带危害程度严重的昆虫。多年来，各国都采用化学药剂处理的方法来杀死这些昆虫，以保证顺利通过检疫，进行正常的贸易。但是近年来，人们发现利用化学方法杀死昆虫给环境和人类健康带来了危害，并在产品中含残留物，因此许多熏蒸机被禁用或逐渐被禁用。辐照保鲜技术具有安全、可靠和不破坏原包装等特点，因而在当前进出口检疫中逐渐受到各国重视。

2.6.2　低温保鲜技术

1. 低温保鲜技术的发展

菌物子实体从生长、采摘、运输、贮藏到加工和食用的过程中有很多环节，在这些环节中它们很容易失去鲜度与品质，也会不可避免地发生腐败变质。导致其败坏的原因很复杂，果蔬败坏往往是生物、化学、物理等因素共同作用的结果。首先，起主导作用的是生物因素。在温度和空气相对湿度较高的环境中，微生物会在子实体中大量生长和繁殖，导致其迅速腐烂变质，并且这些染病物又会侵害正常子实体，形成恶性循环。其次是化学因素，酶促生化反应和非酶促生化反应导致子实体颜色及营养物质发生改变，甚至产生有毒物质。最后是物理因素，如温度、水分等会影响生物因素和化学因素发生的概率，从而进一步造成子实体腐败与变质。

随着社会经济的发展，人们对物质生活的追求不断提高。对食物来说，在提升色、香、味、形等品质的同时，如何尽可能长时间地保存这些食物的特性是人们一直热衷研究的课题。低温保鲜是目前食品保鲜技术中成本最低、保鲜期较长、效果较好的一种技术。

自 20 世纪 30 年代生鲜农产品低温保鲜技术问世以来，美、英、法、日等发达国家率先开展了低温保鲜技术的研究与开发应用。在一些经济发达国家的饮食结构中，低温保鲜食品占有相当大的比重。我国的食品冷藏产业创立于 20 世纪初，从 20 世纪 50 年代起逐步发展，至 2020 年，我国速冻食品市场规模已达 1 393 亿元，尤其是广东、上海、北京等地的速冻食品产业发展更快。对于我国食用菌产业来说，对香菇、平菇、草菇、双孢菇等多种食用菌品种的低温保鲜贮藏技术已取得一定的研究成果，且部分已投入生产，但总体而言还处于起步阶段，须进一步做好各项工作，促进其发展完善。

2. 低温保鲜技术的机理与应用

1）低温保鲜的机理

温度是影响产品质量的重要因素，贮藏温度的降低有助于产品保鲜。研究证明，低温能够有效降低农产品采摘后的呼吸速率，抑制食用菌等鲜活农产品的各种生理生化反应，延缓农产品品质劣变，延长产品的保鲜期（崔国梅等，2022）。同时，农产品在贮藏期间常常因霉菌、酵母等微生物的生长、增殖而腐败变质。当贮藏温度较低时，细胞内水分冻结、各种酶活力下降等会使微生物的新陈代谢速率降低，从而抑制微生物的滋长，达到农产品保鲜的目的。

低温抑制农产品的变质速度主要与两个因素有关。一是微生物。农产品中的微生物都有其生长繁殖的适宜温度范围，防止微生物繁殖的临界温度为 $-12℃$。当环境温度低于微生物生长的最适温度时，微生物的活力将会下降；当环境温度达到微生物生长的适宜临界温度时，微生物的新陈代谢会减弱并呈休眠状态；当环境温度小于微生物生长的适宜临界温度时，微生物的生命活动就会停止，并出现死亡。温度降低会导致微生物酶活性下降，进而破坏微生物各种生化反应的协调一致性，并且冰晶会对微生物细胞造成机械损伤，因此低温对微生物的生长和繁殖有抑制作用。二是呼吸作用。农产品采摘后呼吸作用仍然旺盛，并释放大量的呼吸热，呼吸强度大的农产品，其营养物质消耗很快。低温可以使农产品的呼吸作用减弱，并降低其新陈代谢的速率，延长贮藏期。除此之外，低温还会减少农产品的水分蒸发，温度越低，其蒸发量越小。

低温保鲜技术需要注意 3 个方面。一是在控制腐烂的同时，注重产品品质和外观的保鲜。二是无公害保鲜。通过改进对人体健康安全、对环境污染少的低温、装运、包装等技术来提高保鲜效果。三是贮藏温度。虽然低温有利于食用菌产品的贮藏与保鲜，但是一些食用菌在低于一定温度的情况下会发生不同程度的冷害，因此新鲜食用菌产品的低温贮藏应该在适当、受控制的温度条件下进行。

2）低温保鲜的应用

低温保鲜贮藏技术主要分为 4 种形式：速冻保鲜技术、冷藏保鲜技术、气调冷藏保鲜技术、真空低温冷藏保鲜技术。

（1）速冻保鲜技术。速冻保鲜技术主要通过快速降温使食用菌水分迅速结晶，导致食用菌温度急剧下降，从而达到延长贮藏期的目的。速冻能最大限度地保持产品原有的新鲜度、色泽和营养成分，因此被公认是一种最佳的贮藏保鲜技术，有非常好的应用前景。速冻保鲜技术主要是指将经过一定加工或前处理工序，符合质量要求的原料在低温（-33℃以下）条件下迅速冻结。速冻保鲜技术要求产品中心的温度在 30min 内迅速通过-11～-1℃的最大冰结晶生成带，再降至-18℃，将产品包装后在此温度下贮藏和运输，一般包括快速冻结与慢速冻结两种方式。例如，金针菇的快速冻结工艺是，通过原料挑选→护色→漂洗→热烫→冷却→沥干→速冻→分级→复选→镀冰衣→包装→检验→冷藏环节，封箱并将检验后符合质量标准的速冻金针菇迅速放入冷藏库冷藏。冷藏温度为-18～-20℃，温度波动范围一般控制在±1℃以内。在此温度下金针菇冷藏期可达 8～10 个月。

（2）冷藏保鲜技术。冷藏保鲜技术主要是采用低温的方法，抑制食用菌的呼吸代谢，减少呼吸热和抑制酶化学反应，并抑制微生物的生长。冷藏保鲜技术的低温是利用自然低温或通过降低环境温度达到的，根据冷藏介质不同，冷藏保鲜技术可分为低温冷藏和加冰冷藏两种方式。例如，草菇在采摘后，菌伞会继续伸张。在运往市场或加工厂途中，当温度高于 32℃时，若运输时间超过 3h，则草菇开伞率在 20%以上；若运输时间超过 6h，则草菇开伞率在 40%以上，这严重降低了原料利用率，造成经济损失。以前人们普遍认为低温贮藏不适用于草菇，目前在生产中发现，采用加冰冷藏保鲜技术，可以解决新鲜草菇运输途中因开伞率过高而造成的产品价值损失甚至丧失等问题。其方法是，先在长方形菇箱内铺垫一块塑料薄膜，再在箱底放一层厚约 5cm 的碎冰块，加盖小竹帘，中部放一袋冰（装在塑料袋内），然后在箱内放草菇，每箱装草菇 6kg 左右，约八成满，将四周薄膜向内折叠，盖在草菇上，上面再加一块薄膜，并用厚 5cm 的碎冰盖好，最后加盖。这种方法能够明显降低草菇开伞率，但贮藏期相对较短。

（3）气调冷藏保鲜技术。气调冷藏保鲜技术是一种常用的保鲜技术，是在低温保鲜的基础上，在冷库中充入特定的气体，如增加二氧化碳或氧气在气体环境中的比例，来抑制食用菌的代谢活动，延缓食用菌腐烂变质，使食用菌可以更长久地保鲜。例如，秀珍菇在低温冷藏贮藏时，冷库温度一般控制在 0～2℃，使菇体温度降到 0～3℃，同时保持高二氧化碳比例、低氧气比例的气体环境，能够降低菇体的呼吸强度。这种方法能减少呼吸基质的损耗，抑制多酚氧化酶的活性，有效地延缓秀珍菇变色、变味，抑制菌柄气生菌丝的生长，减少水分损失，延长秀珍菇保鲜期至 15d 以上。

气调冷藏时需要注意，低温贮藏的最适温度为 0～3℃，空气相对湿度为 85%～95%，条件要稳定，不宜多变。当环境温度高于最适温度时，会促进食用菌内各种生理作用，加快食用菌变色和腐败，也有利于各种病原菌的活动，导致食用菌腐烂加重、加快；当环境温度过低时，又会使食用菌产生冷害或冻害。低温贮藏的效果与预冷和进入冷藏时间的早晚有密切关系。采摘后要尽快将食用菌温度降低到规定的范围。如果延迟降温，则难以保持食用菌品质；而鲜度和品质一旦损失，则不能恢复，因此及时预冷、及时冷藏至关重要。

（4）真空低温冷藏保鲜技术。真空低温冷藏保鲜技术是对气调冷藏保鲜技术的发展。在抽真空时总气压降低，氧气分压也随之降低。因此，根据真空度可以精确地控制氧气分压。降低气压可以促进产品组织内乙烯及其他挥发性代谢产物向外扩散，延缓或抑制产品衰老过程，从根本上消除二氧化碳中毒的可能性。在抽真空时产品表面一部分水蒸发，在水蒸发过程中要吸热，因此抽真空可以起降温的作用。真空还可以抑制微生物的生长发育和孢子形成，从而降低某些侵染性病虫害。经过真空处理的产品被移入正常空气中后，后熟仍然缓慢，因此其货架期较长。如果采用真空室的真空度 350Torr（1Torr≈133Pa），真空预冷终温 0℃，真空预冷时间 20min，则进行真空预处理并配合塑料薄膜袋包装的茶树菇比一般冷藏保鲜的茶树菇效果更好，表现为：冷藏 10d 不开伞、不干缩、表面膜不脱落、失重率减少 7%，呼吸强度曲线明显下移，呼吸高峰推迟 2d 出现，峰值降低 30%，维生素 C 保存率提高 20.5%。

2.6.3　腌渍保鲜技术

1. 腌渍保鲜技术的机理

腌渍保鲜，就是通过腌渍的方式进行食用菌的保鲜，通常利用高浓度的盐水对食用菌进行脱水处理，使食用菌子实体及微生物都处于干燥状态，有效减缓微生物的生长，从而达到保鲜的目的。腌渍保鲜技术具有成本低、操作简单的优点，农户、商家及消费者都可以使用，但是采用腌渍法保鲜的食用菌在口感及营养价值方面均有所下降。

腌渍保鲜技术除了盐腌，还有糖腌。通常采用糖腌法将食用菌加工成菌类蜜饯等。

2. 腌渍保鲜技术的应用

腌渍保鲜作为我国最早保存蔬菜的传统方法之一，一直以来因其方便、可口而受到人们的喜爱。随着食用菌产业的发展和栽培面积的扩大，食用菌生产的数量逐渐增多，造成上市高峰比较集中，加上食用菌的货架期比较短，如果不能及时加工，就有可能出现老化、褐变等现象，直接导致食用菌的价格下跌。为了延长食用菌的货架寿命，提高栽培者及商家的经济效益，可采用腌渍法避开上市高峰，取得理想收益。目前市面上对于多种食用菌（如草菇、鸡腿菇、滑子蘑等）已有成熟的腌渍保鲜贮藏手段。

草菇的腌渍加工分为采收与修整→杀青→冷却→腌制→转缸 5 个步骤。腌制时先配制 20%的饱和盐水（即将水煮沸后按每 2kg 水加 400g 食盐配制），冷却后取上清液用纱布过滤，除去杂质，将草菇放入已配制好的盐水中腌制。使盐水浸没草菇，缸满时可先在盐水表面放清洁纱布，在纱布上再放竹制格子，把草菇压入盐水内，以防菇体暴露在空气中变色、腐烂。为防止表层草菇变质，可先在草菇表面盖 4 层纱布，再加盐，直至盐缓慢溶解方可取出纱布。注意腌渍过程中如果盐度不够，则要及时加盐。此方法可使草菇保鲜 2～3 个月。食用时只要先把腌渍草菇放在清水中浸泡或放在 0.1%柠檬酸液中煮 8min 脱盐，再在清水中冲洗就可以食用，菇味仍然鲜美可口。

鸡腿菇的腌渍加工分为采收→清洗→杀菌→冷却→盐渍→装桶 6 个步骤。腌制时先配制 15%的盐水（将 15kg 食盐溶解于 100kg 开水中，冷却后过滤，除去杂质），然后将鸡腿菇放入盐水缸中进行盐渍，让盐分向菇体自然渗透。如果发现菇味有变，则要及时倒缸。盐渍 3d 后，将盐水缸中的鸡腿菇捞出，再放入盐水浓度为 20%的盐水缸中继续盐渍，鸡腿菇放满缸后，在缸表面放清洁的纱布，在纱布放竹制格子，压实菇体。盐渍期间，每天转缸一次，并使盐水浓度保持在 20%～22%，7d 后菇体即可出缸。

食用菌盐渍时需要注意的是：①在腌渍过程中要进行一次转缸，这样可使盐度分布均匀，并排出不良气体。②如果盐度不够，则要及时加盐，使盐保持在一定的浓度范围。

对于糖渍，可参考蘑菇蜜饯的加工技术。糖渍加工一般分为选料处理→切片→热烫→糖煮→腌渍→干燥 6 个步骤。腌渍时先将加工过的菇片浸入高浓度糖液中，再次腌洗，一般保持糖液浓度为 70%，浸渍 20～24h，要求腌渍后的菇片糖含量达 55%以上。

2.7　工厂化生产及智能装备

2.7.1　工厂设计

食用菌工厂化生产是在相对可控的环境（温度、光照、氧气、二氧化碳和空气湿度）设施条件下，应用自动化技术、信息技术、机电一体化技术、环境技术等多种技术，提供适合食用菌生长的环境且定时定量的生产过程，集智能化、自动化、机械化、规模化于一体的不受季节影响的连续栽培方式。食用菌工厂化生产真正实现了农业产品的工业化，能够像生产工业标准件一样，定时定量收获不受自然条件约束的食用菌，是目前唯一真正工厂化的农业种植（养殖）方法。食用菌工厂根据生产食用菌的营养类型基本可以分为两大类：木腐菌工厂和草腐菌工厂。木腐菌工厂主要生产金针菇和杏鲍菇等以木屑为主要碳源的木腐菌，草腐菌工厂主要生产双孢菇和草菇等以秸秆为主要碳源的草腐菌。

木腐菌工厂化生产的核心技术包括制种技术、灭菌技术、接种技术、发菌技术、搔菌技术和出菇管理技术，每个环节都需要无菌操作。

1. 制种技术

制种技术的核心是液体菌种技术。液体菌种技术与固体菌种技术相比，具有菌种纯度高、受杂菌污染小、接种速度快和生长周期短等优势。目前，液体菌种技术已经应用于十几个大宗食用菌品种。

2. 灭菌技术

灭菌技术是指利用水蒸气的穿透作用灭杀一般的细菌和真菌等微生物的技术，是应用最普遍的木腐菌工厂化生产灭菌手段。

3. 接种技术

接种技术与菌种类型相配套，液体菌种接种技术是指在无菌室中将液体菌种罐中的液体菌种高效无菌地接入培养料中的技术。

4. 发菌技术

发菌技术是指利用人工环境控制系统，为接种后的培养瓶（袋）提供适宜的温、湿、光、气环境，让菌丝在培养料中快速生长至出菇的技术。

5. 搔菌技术

搔菌技术是为发菌完毕的培养瓶（袋）提供机械刺激，促使菌丝先扭结形成子实体原基，再进一步形成子实体。搔菌一般使用搔菌机进行，根据食用菌的类型不同，分为平搔、环搔和点搔等。

6. 出菇管理技术

出菇管理技术主要是针对相同食用菌原基所需外界环境的不同，有针对性地利用人工气候系统为其提供所需温、湿、光、气环境，从而控制食用菌的某些特定产品性状。

这些技术已经精确地运用到木腐菌工厂化生产中，实现了从空气相对湿度到饱和气压的配合调控，满足了食用菌生长需求。

草腐菌工厂化生产的核心技术与木腐菌工厂化生产有所不同。在制种技术上，草腐菌工厂化生产主要使用固体菌种进行接种；其灭菌技术主要采用巴氏灭菌法，依靠稻草中所含的细菌和放线菌生长产生的热量进行灭菌；其接种技术主要采用机械铺洒接种的方式；其发菌技术与木腐菌类似，通过人工控制温、湿、光、气条件达到促进菌丝快速长满培养瓶（袋）的目的；在搔菌技术中，草腐菌工厂化生产主要通过机械翻堆进行搔菌；在出菇管理技术中，草腐菌工厂化生产有独特的覆土环节，采用泥炭土覆盖在长满菌丝的栽培基质上促使菌丝在土中扭结形成子实体原基，并且在覆土表面出菇，同时通过人工气候系统控制外界条件，这与木腐菌工厂化生产基本无异。

无论是建设草腐菌工厂还是建设木腐菌工厂都要考虑当地的气候和天气。虽然食用菌生产在菇房内进行，但仍不能忽视外界环境对菇房内环境的影响。不同季节，菇房内温度、空气相对湿度和二氧化碳浓度等要素都不相同，因此要从保温方式和通风效果等多方面考虑，做到冬季升温、夏季降温。建设空气预处理室，对进入菇房内的气体进行预处理，进而将经过过滤净化的适合食用菌生长的新鲜空气送入菇房。

根据食用菌生长环境，在菇房内配置制冷、加热、加湿和通风净化等设备，并通过物联网技术进行设备的选型和匹配，使设备既满足生产需要又节能环保。互联网技术在食用菌栽培领域的充分应用，使我们能够随时掌握菇房内食用菌的生长信息，并利用互联网系统对食用菌生长环境进行实时调控。

2.7.2　工厂化生产装备

1. 生产设施

食用菌适合工业化生产，溯源性比较强。在食用菌生长阶段应用各种测控技术、视频技术、大型数据处理设备、大数据传输通信设备和温、湿、光、气的硬件设备，可实现对食用菌生产全过程的监控，从而提供安全可靠的食用菌产品。

1）加湿设施

在食用菌菌丝培养阶段一般使用高压微雾加湿器。此类加湿器具有运行成本低、能够在较恶劣的环境下应用、稳定可靠的优点，但水雾颗粒较大。在食用菌出菇阶段空气相对湿度大，对水雾颗粒的大小要求比较高，因此一般使用二流体加湿器或超声波加湿器。此类加湿器的主控和喷头可分离安装。二流体加湿器是近年来研发的应用于食用菌生产行业的加湿器产品，其水雾颗粒较高压微雾加湿器的水雾颗粒小，但较超声波加湿器的水雾颗粒大，造价适中，维护简单，但需要使用空压机，耗气量较大。超声波加湿器产生的水雾颗粒小，加湿效果非常均匀，但造价较高，且在使用过程中需要定期清理振动片，否则会影响使用寿命。

无论何种加湿器，使用的水源都须经过软化和过滤处理，以延长加湿器的使用寿命。

2）空调设施

食用菌工厂化生产一般是周年性生产，需要空调设施对培养室和出菇室的温度进行调控。用于食用菌工厂化生产的空调外风机主要分为直膨机和冷水机两种。直膨机的制冷剂通过压缩机提供的压力直接进入组合式空调机组，因此制冷机组与末端机组的距离不能太远，否则制冷效果会衰减。直膨机制冷量有限，适合规模较小的工厂使用。冷水机又分为电制冷机组和溴化锂机组。目前大型食用菌工厂主要采用螺杆式和离心式电制冷机组。溴化锂机组造价较高，但在能源成本低和热源充足的地区运行费用低。空调内风机主要分为侧回侧出内风机和底回侧出内风机。瓶栽食用菌在栽培阶段摆放密度高，一般使用侧回侧出内风机，其特点为风速较大、射程较远，有利于保障培养室内空气的均匀性。在出菇阶段，为了防止风速过大，影响食用菌子实体发育，一般选用风速较小的底回侧出内风机。

3）通风设施

食用菌属于异养生物，在生长发育的全过程中均须吸收氧气进行呼吸作用。在设计生产车间时，应根据车间大小、菌瓶数量、菌丝呼吸量和换风次数等确定新风量，选择相应的新风机组进行通风、排风。室外空气过热或过冷时，可使用热交换机对新鲜空气进行制冷或加热处理，缩小其与室内空气的差异，降低能耗。在食用菌生长发育的不同阶段，菌丝呼吸量差别较大，需要补充的空气量不同。刚接种的培养瓶（袋）菌丝抵抗力弱，容易发生污染，因此室外空气需要经过较高级别的过滤才能进入室内。菌丝盖面后，培养瓶（袋）一般不易发生污染，此时空气过滤级别可适当降低。

4）照明设施

大多数食用菌在培养阶段要求避光培养，仅在工作人员操作过程中开启少量日光灯，少数食用菌（如香菇）在转色期和培养后期需要光照培养，促进转色和菌皮的形成。食用菌在出菇阶段均需要一定的光照刺激，这时大多使用白光或蓝光，光照可以促使食用菌子实体原基形成，调节菇帽生长和菇帽颜色。不同品种的食用菌对光照强度和光照时间的要求不同，蟹味菇、白玉菇和灰树花对光照要求较高，双孢菇等对光照要求较低。发光二极管（light-emitting diode，LED）灯带亮度高、防水性好、节能效果明显，目前已广泛应用于各大食用菌栽培企业。

2. 生产设备

食用菌生产设备可极大提高生产效率，降低劳动强度，实现大规模瓶栽生产食用菌。瓶栽食用菌生产设备主要包括搅拌机、装瓶（袋）机、灭菌器、接种机、搔菌机、抑制机、挖瓶机和包装机等。目前，大型食用菌栽培企业大多使用日韩或合资企业提供的设备，此类设备精度高、故障率低、经久耐用。国产设备的市场份额还有待提高。

1）搅拌机

搅拌机一般为双螺旋结构，是将主料和辅料加适量清水搅拌，使其均匀混合的机器，用于拌匀、拌湿培养料。在实际使用中，可以设置为多级搅拌，也可以加上振动筛，去除石块、大木块等杂物，也可以在搅拌锅前段安装全自动原料称重系统，降低人工劳动强度，提高生产效率。目前用于生产的搅拌机有辽宁省朝阳市食用菌研究所研制的 BLJ-200 型搅拌机、山东省枣庄市第二农业机械厂生产的 JB-100 型和 JB-50 型原料搅拌机。

2）装瓶（袋）机

装瓶（袋）机主要有 3 种，分别是简易装瓶（袋）机、普通装瓶（袋）机和高速装瓶（袋）机。简易装瓶（袋）机仅具备简单冲压功能，因此基本没有企业使用这种机器；普通装瓶（袋）机的装瓶（袋）速度为 4 000 瓶（袋）/h，分为放筐段、装瓶段、冲压打孔段和压盖段；高速装瓶（袋）机的装瓶（袋）速度为 8 000～10 000 瓶（袋）/h，主要在大型食用菌栽培企业使用。装瓶（袋）质量误差以小于 30g 为宜，装瓶（袋）质量误差过大，将影响发菌和出菇的一致性和稳定性，延长栽培周期，因此在装瓶（袋）过程中，须定时监测装瓶（袋）质量，在超出误差范围时，要及时调整机器设备。在装瓶（袋）机上可以安装机械手，将装瓶（袋）后的培养瓶（袋）直接摆放于灭菌车上，减少人工成本，降低劳动强度。另外，装瓶（袋）机有全自动和半自动之分，全自动装瓶（袋）机在装袋过程中完全不需要人工参与，可实现机器扎口，对装瓶（袋）后的培养瓶（袋）直接灭菌；半自动装瓶（袋）机往往需要人工扎口。

3）灭菌器

灭菌器根据灭菌原理分为干热灭菌和湿热灭菌两种。食用菌企业一般选用方形双开门真空高压蒸汽灭菌器，它具有操作方便、利用率高、灭菌时间短等特点。灭菌器前门处于装瓶（袋）区，后门处于净化车间的冷却区。灭菌后的培养瓶（袋）直接进入冷却区冷却，等待接种，这样可以避免污染。灭菌器的数量与大小是工厂产能的重要指数。对于灭菌器的尺寸，可根据生产规模定制。

4）接种机

接种机根据菌种形态，分为固体接种机和液体接种机。固体接种机 1 次接种 4 瓶（袋），每小时接种 3 500～4 000 瓶（袋），每瓶（袋）接种量为 20～25g。目前，新式固体高速接种机每小时接种 6 000～7 000 瓶（袋）。液体接种机 1 次接种 16 瓶（袋），每小时接种 7 000～8 000 瓶（袋），每瓶（袋）接种量为 30～35mL。液体接种机能够定量、均匀地将菌种喷洒到培养料面上。

5）搔菌机

在培养成熟的菌瓶（袋）进入生产车间出菇前，须对其进行搔菌作业。搔菌是利用搔菌机将瓶（袋）口 1~2cm 的老菌皮挖掉，通过造成表面菌丝损伤以刺激菌丝快速扭结形成子实体原基，从而形成子实体。搔菌有助于提高出菇的一致性及产量。搔菌有平搔、环搔和点搔 3 种方式，须根据栽培的食用菌品种确定搔菌方式。瓶栽金针菇、蟹味菇和白玉菇等品种在搔菌后一般须加水 15~20mL，补充培养料水分，但杏鲍菇在搔菌后不能加水，加水会使培养料水分过大，导致杏鲍菇出蕾慢、菇蕾多、污染严重。可以通过搔菌深度控制食用菌子实体原基形成的时间和数量。现有的各种规格、性能的搔菌机每小时可搔菌 3 500~12 000 瓶（袋）。

6）抑制机

在少数食用菌（如金针菇）子实体生长至 2cm 左右时，需要使用抑制机，通过调节风速和光照促进其生长一致，提高产量和品质。此外，抑制机还可以提高出菇环境的温湿度、二氧化碳浓度及光照的均匀性，从而提高食用菌的整体品质。对于抑制机风机和灯光的运行时间，可根据需要进行设置。

7）挖瓶机

食用菌采摘完毕，挖瓶机自动将培养料挖出。市面上有各种规格和性能的挖瓶机，每小时可挖 3 500~10 000 瓶。

8）包装机

根据产品包装的要求，选择不同型号的包装机。包装机有袋装包装机、盒装包装机、真空包装机及非真空包装机等。

2.7.3　智能化生产

食用菌产业从生产到销售过程的机械化建设是生态菌物智能化生产的关键（图 2-1）。原料检测可以从源头控制食用菌出菇后子实体的质量。利用智能化生产技术控制拌料到接种过程的污染源，不仅可以降低劳动成本，还可以更加精确地控制食用菌在生产过程的质量。针对不同类型的生态菌物出菇情况，智能化生产技术可以精确控制温度、水分和环境内的气体组成，生产出满足不同市场需求的食用菌。

食用菌工厂在全国的布局应该科学化、合理化，根据市场规律的基本要求确定体量。随着科学技术水平的提高，老的生产模式会不断地被淘汰，每天几百吨生产规模的巨型工厂因不符合经济运行规律终将面临倒闭。不考虑技术革新的影响，从财务成本、运输成本等方面来看，远距离的运输成本和市场波动对一个巨型企业而言，影响是极大的。食用菌工厂化生产相对发达的国家，存活下来的企业不仅有适中规模的企业，还有最经济和高效的小型企业。企业要与专业团队定期对工厂环境、工艺安全进行检测，并对工作人员进行培训。

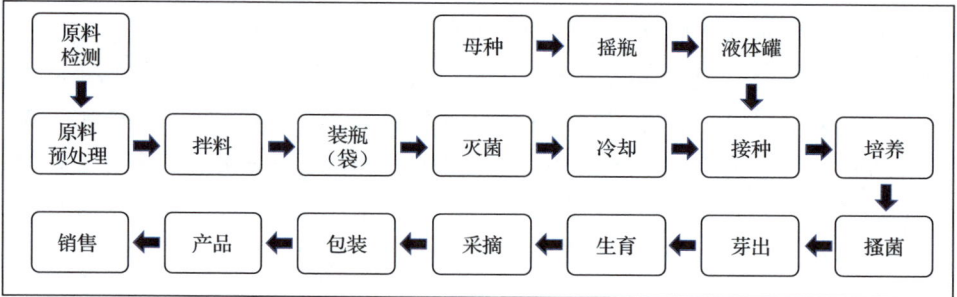

图 2-1　生态菌物智能化生产流程图

第 3 章

生态菌物与资源循环

"十三五"以来，食用菌产业被列为我国农业发展的特色产业之一。在乡村振兴、鼓励农产品出口等相关政策的激励下，我国食用菌产业保持产量增长和结构调整两大趋势。据中国食用菌协会统计，2020 年全国食用菌菌糠超 7 000 万 t。随着农业供给侧结构性改革的持续推进，我国食用菌产业还将继续快速发展。但是大量的食用菌菌糠也被随意丢弃或焚烧，不仅造成了生物资源的浪费，还带来了环境污染问题。

菌糠是利用秸秆、木屑等原料进行食用菌代料栽培，采摘子实体后的栽培基质剩余物，主要由菌丝残体和经食用菌酶解、结构发生质变的粗纤维等成分的复合物构成（渠继红等，2019）。食用菌栽培主要以秸秆、木屑、棉籽壳、麦麸、玉米芯等为原料，通过菌丝分泌胞外酶降解纤维素、木质素和蛋白质等物质。食用菌可以降解基质中 30%的木质素，使粗纤维含量降低 40%～70%，粗蛋白质含量提高 25%～40%。研究发现，稻草、木屑、棉籽壳、谷物、芥壳、玉米芯、玉米秸和山芋藤菌糠中粗蛋白质含量为 5.80%～14.02%，粗纤维含量为 2.00%～39.10%，而钙含量为 0.21%～3.11%（表 3-1）（王红兵等，2015）。虽然不同食用菌菌糠的成分和含量存在差异，但其中的粗纤维、粗脂肪、粗蛋白质等，仍具有二次开发利用的巨大潜力。

表 3-1　常见食用菌栽培基质菌糠营养成分分析表　　　　单位：%

菌糠种类	粗蛋白质	粗纤维	粗脂肪	无氮浸出物	钙	磷
稻草	8.37	15.84	0.95	23.75	1.91	0.33
木屑	6.73～8.65	6.94～19.80	0.70～4.04	13.81	1.81～3.11	0.34～0.41
棉籽壳	6.16～14.02	22.95～39.10	0.16～4.53	33.00～49.28	0.21～2.12	0.07～0.25
谷物	5.80	2.00	3.30	73.90	0.50	0.33
芥壳	8.60	15.27	2.71	41.52	—	—
玉米芯	6.87～8.00	14.30～20.44	1.40～3.18	50.01～63.50	1.00～2.02	0.25～0.30
玉米秸	9.66	37.11	—	—	2.21	0.57
山芋藤	10.11	30.21	—	—	1.34	0.54

目前，国内外已有许多将菌糠作为动物饲料及饲料添加剂、栽培基质、有机肥料、能源材料、生态环境修复材料等的研究与实践。食用菌生产及菌糠的循环利用对推动生态农业发展和农村生态环境保护有极其重要的作用。

3.1　动物饲料及饲料添加剂

3.1.1　动物饲料

菌糠相比于原始栽培基质，粗纤维含量大幅降低，适口性得到改善；同时菌糠中存在大量的菌体蛋白，其粗蛋白质含量明显提高，因此菌糠也被称为"菌糠蛋白"。另外，菌糠中还含有丰富的糖类、有机酸、生物活性物质及其他营养成分，是一种潜在的优质饲料来源。菌糠可以替代精料或粗料饲喂反刍动物，也可以替代日粮中的米糠或麦麸饲喂单胃动物。陈鑫珠等（2018）研究表明，菌糠可以替代猪、牛、羊、兔等的部分日粮，不仅不会影响其生长性能，还可以降低饲料成本，缓解饲料短缺的压力，提高企业的经济效益。

菌糠中含有大量的病原菌及杂菌，所以对菌糠的再利用存在一定的技术难度，尤其是菌糠灭菌十分重要。将菌糠作为动物饲料喂养动物时要选择无杂菌污染、无发霉发黑的菌糠，确保食用的安全性。将菌糠作为饲料可以直接饲喂动物，即将新鲜菌糠去掉杂菌及污染部分后按一定比例添加到动物饲料中，也可以经加工后饲喂，即用经过物理、化学或生物处理的菌糠进行饲喂。

1. 物理处理

物理处理主要采用机械加工的方法。该方法制作工艺比较简单，生产的菌糠饲料可直接加在饲料里饲喂动物。物理处理应选择无霉变、无致病性杂菌污染，第三、四茬食用菌收获后的菌糠，经晾晒或烘干后粉碎，按一定比例饲喂动物或者在阴凉干燥处存放（成娟丽和张福元，2006）。物理处理虽然简单方便，但对菌糠中一些较难消化的营养物质（如粗纤维等）没有进行处理，生产的菌糠饲料的适口性相对较差，可能会导致动物进食量下降（张宜辉和尹文兵，2015）。

2. 化学处理

化学处理主要利用酸、碱、氨等化学物质处理菌糠中的纤维素和木质素，进一步提高菌糠饲料的饲用价值。酸化处理是因为纤维素在酸性条件下更容易被水解成单糖、糖醛和其他挥发性产物。经酸化处理后的菌糠中大部分纤维素、木质素被转化为糖，少部分粗纤维可直接被动物体中的酶消化。碱化处理是因为木质素在强碱的作用下，经过溶解和皂化反应膨胀形成疏松的多孔结构，从而容易被动物体内的酶消化分解。研究表明，先将 30%～40%氢氧化钠溶液按照菌糠干物重的 3%～5%均匀喷洒在菌糠上，调节菌糠含水量为 40%左右，然后装袋、压实、密封，于室温 20℃放置 7d 左右，待菌糠 pH 至中性时即可饲喂动物。氨化处理是以尿素为氮源，先将尿素溶液按照菌糠干物重的 3%～5%均匀喷洒在菌糠上，将菌糠含水量控制在 40%左右，然后装袋、压实、密封，于室温 20℃放置 60d，开袋将菌糠晾干至挥发掉余氨即可进行饲喂动物。

3. 生物处理

生物处理主要通过有益微生物的作用，使菌糠纤维进一步降解，产生菌体蛋白和有机酸类等营养物质，以改善菌糠的适口性，进一步提高菌糠的营养价值和饲用价值。生物处理工艺主要有青贮发酵、自然发酵和接种发酵。菌糠的青贮发酵制作方法与青贮饲料的制作方法基本一样，根据制作方式不同，可分为塑料袋青贮、堆式青贮和窖式青贮（魏湟等，2016）。李天宇等（2018）以 7 种常见食用菌（白灵菇、猴头菇、滑子菇、金针菇、平菇、杏鲍菇和榆黄菇）菌糠为研究对象，分析各种菌糠青贮发酵前后的营养价值和发酵品质，发现金针菇菌糠的营养价值相对较高，猴头菇、金针菇和平菇菌糠的综合净能相对较高，除滑子菇青贮菌糠和杏鲍菇青贮菌糠外，其余青贮菌糠均获得中等发酵品质。自然发酵是在粉碎的菌糠中添加一定比例的其他辅料（如米糠、麦麸等），调节含水量为 65%～75%，利用自然存在的微生物对菌糠进行发酵。自然发酵是厌氧发酵，因此要特别注意密封措施，一般发酵 5～7d 出现酒香味时说明发酵成功。田娟等（2000）发现，与普通菌糠饲料相比，经过发酵的菌糠饲料营养水平显著提升，菌糠发酵料更有潜力成为畜禽饲料。接种发酵是在菌糠中接种特定的菌种（剂），根据发酵过程中的微生物需氧情况，分为有氧发酵和厌氧发酵。

采用生物处理工艺改善菌糠等常规粗饲料营养价值的研究越来越多。高旭红等（2018）利用 EM 原液对杏鲍菇菌糠与豆粕、麦麸复合基质进行发酵，并以不同添加量的发酵杏鲍菇菌糠饲料配制马头山羊饲粮，结果表明使用 EM 原液、添加 4%豆粕和 2%麦麸混合发酵，可提升发酵杏鲍菇菌糠饲料的发酵品质；在饲粮中添加 30%发酵杏鲍菇菌糠饲料进行饲喂的山羊平均日增重和体增重，均高于饲喂未发酵杏鲍菇菌糠饲料的山羊，取得较好的饲喂效果。徐淏等（2015）通过微生物分步发酵法制备功能性高蛋白菌糠饲料，研究表明以灵芝菌与酿酒酵母分步协同发酵的杏鲍菇菌糠粗多糖含量达 4.48g/100g，比原始菌糠粗多糖含量高132.12%。

随着常规饲料原料的日益短缺及人们环保意识的不断提高，菌糠在畜禽饲料中的应用已成为菌糠循环利用的重要技术途径之一。菌糠饲料制作及使用中应注意以下几个方面的问题。一是要保证菌糠饲料的质量。菌糠本身和由菌糠制成的菌糠饲料易发生霉变、腐败变质，菌糠饲料的加工过程也易被杂菌和有毒物质污染，因此要严格控制菌糠饲料加工环境和保存条件，防止菌糠饲料因产生有毒物质而影响动物健康。二是要加强菌糠饲料的科学喂养。根据菌糠饲料的营养价值来决定其使用量，并根据动物种类、性别、年龄、生产性能、生产阶段进行适当调整。此外，饲喂菌糠饲料时要给动物一个适应的过程，先少后多，逐渐添加。三是菌糠发酵后蛋白质水平升高，粗纤维含量降低，可作为蛋白质饲料的替代源。目前对菌糠发酵及菌种的选择研究多数还处在试验阶段，应加快菌糠发酵技术的实践应用。

3.1.2　饲料添加剂

食用菌的菌丝能够分泌多种生物活性酶，如纤维素酶、木聚糖酶等。食用菌采摘后仍有一部分酶滞留于菌糠中。刘莹莹等（2010）研究发现香菇、金针菇菌糠中含有大量的纤维素酶、木聚糖酶及果胶酶。其中，香菇菌糠、金针菇菌糠中纤维素酶活力分别为 16.56U/g、6.63U/g；木聚糖酶活力分别为 13.82U/g、15.20U/g；果胶酶活力分别为 2.61U/g、2.31U/g。很多饲用酶制剂可以对肠道的微生物菌群和理化性质起促进作用，但菌糠酶对动物消化道酶活及动物肠道菌群等的影响还缺乏研究。马庆菊（2010）研究发现菌糠中含有多肽、皂苷、植物甾醇及三萜皂苷等物质，其中多肽的衍生物——抗体，具有抗血凝、解毒和免疫作用；皂苷的衍生物具有抗菌作用，可以提高动物的抗病能力。贾睿琳等（2011）对茶树菇出菇菌糠、茶树菇未出菇菌糠、鸡腿菇出菇菌糠和鸡腿菇未出菇菌糠中的水溶性多糖含量进行测定，其水溶性多糖含量分别为 0.39%、0.70%、0.47%、0.99%。连永权等（2016）研究茶树菇菌糠多糖提取物对肉鸡生长性能和免疫功能的影响，结果表明：在饲粮中添加一定量的茶树菇菌糠多糖提取物可提高肉鸡免疫功能，改善其生长性能，茶树菇菌糠多糖提取物添加量为 5g/kg 时效果较佳。

菌糠饲料含有丰富的营养成分，经过发酵处理后粗蛋白质含量提高 160%～180%，氨基酸含量提高 118%～130%，可以作为草食性动物的饲喂主料。但菌糠饲料的粗纤维含量在 8% 以上，不能作为非草食性动物的饲喂主料，仅可作为非草食性动物的饲料添加剂。此外，食用菌菌丝在生长过程中的代谢产物普遍含有降低胆固醇的有效成分和一些抗肿瘤的活性物质，如真菌多糖、多肽类。因此，许多学者也利用菌糠作为添加剂生产功能性和保健性禽畜产品。池雪林等（2007）在蛋鸡日粮中添加 2.5g/kg 的灵芝和灵芝菌糠，发现能降低蛋鸡血清中的甘油三酯和总胆固醇含量，且鸡蛋中总胆固醇含量分别比对照组降低 15.3% 和 10.4%。李新等（2016）发现在羊的全混合日粮中添加 20% 杏鲍菇菌糠，可提高羊肉的品质，增大加压失水率，降低蒸煮损失率和剪切力，提高氨基酸总量。林占熺等（2004）研究发现，菌草灵芝菌糠、菌草灵芝子实体与其他抗菌药物一样能够有效防治仔猪肠炎痢疾，其中菌草灵芝菌糠的效果最好，猪的血液检测指标也证实了菌草灵芝菌糠的免疫作用。因此可以认为菌草灵芝菌糠是一种免疫增强剂，可以作为饲料添加剂使用，具有广阔的开发前景。

3.2　栽　培　基　质

3.2.1　菌糠循环利用二次栽培食用菌

栽培基质经过食用菌菌丝等一系列生物转化形成菌糠后，粗蛋白质含量显著提高，粗纤维含量显著下降，无氮浸出物含量显著提高。此外，菌糠中还含有丰富的氨基酸、多糖、铁、钙、锌、镁等（龚振杰和赵桂云，2009）。不同类型食用菌的生物学特性不同，对栽培基质类型、营养成分的要求不同。因此，一些食用菌生产后的菌糠经过适当处理，可以用于生产其他食用菌，以达到节省成本、提高产量的效果。随着食用菌产业的不断发展，为了寻找新的食用菌培养材料，20世纪 80 年代我国开始了探索菌糠再生栽培食用菌的研究，主要内容为木腐菌袋式栽培的循环利用，如利用金针菇、杏鲍菇菌糠重新配比栽培平菇、秀珍菇、黑木耳、香菇，利用木腐菌菌糠循环栽培草腐菌的研究相对较少。徐明高（2010）以香菇、平菇等木腐菌类废菌棒、稻草和牛粪为主要材料，栽培双孢菇 $560m^2$，平均产鲜菇 $9.6kg/m^2$，比常规栽培平均增产 $1.4kg/m^2$，节省成本 1.2 元/m^2，取得了良好的经济效益和社会效益。彭荣和高媛（2007）利用金针菇、平菇及香菇的菌糠栽培双孢菇，发现生物转化率明显高于传统稻草栽培基质。万水霞等（2009）在栽培基质中加入 30%秀珍菇菌糠栽培双孢菇，生物学效率达到 63%，比常规栽培料高出 10%。

不同食用菌由于降解酶的构成与活性不同，对原料中多糖的降解效果差别极大。例如，高产纤维素酶的菌丝对原料中的纤维素具有良好的降解效果，高产淀粉酶的菌丝对淀粉类多糖的降解效果较好等。这就造成不同食用菌菌糠中多糖种类、配比差异极大，甚至有些食用菌分泌的一些次级代谢产物会抑制其他食用菌在其菌糠中的生长。因此，利用菌糠作为食用菌栽培基质时，除了应注意原料选择、基质配方与栽培管理方法外，还须注意菌糠中存在的食用菌代谢物是否会抑制其他食用菌的生长等问题。

3.2.2　菌糠循环利用制备园艺栽培基质

基质栽培是近年来新兴的无土栽培技术之一，其有机基质成本低、缓冲能力强，因此得到了普遍应用。草炭（又称泥炭）是现代园艺广泛使用的重要育苗基质，随着草炭资源的减少及人们环境意识的增强，对优质、廉价的草炭替代基质的研究受到国内外的重视（郭世荣，2005）。菌糠具有独特的物理特性和丰富的养分，能够为植物的生长提供良好的根系环境和养分。然而，菌糠的 pH 和电导率（electric conductivity，EC）偏高，容重较小，全氮、全磷、全钾含量较高，容易出现烧苗现象，不适合单独作为育苗基质（刘景坤等，2019）。此外，菌糠的总孔隙度、持水孔隙度比草炭低，通气孔隙度较草炭高，保水、保肥性能差，需要增加浇水次数（陈世昌等，2011）。时连辉等（2008）对菌糠基质和草炭基质理化特性的比较表明，菌糠经过适当调节及改变管理方式后可以在无土栽培中部分替代草炭。Medina 等（2009）选取 3 种不同耐盐能力的蔬菜，对比菌糠和草炭两种基质的栽培效果，得出 75%菌糠+25%草炭的栽培基质可以用于蔬菜育种。林志斌等（2017）以常规育苗基质（草炭∶蛭石=2∶1）为对照，进行杏鲍菇菌糠复合基质对甜瓜的育苗试验，结果表明菌糠复合基质的育苗效果优于对照组，其中菌糠∶草炭∶蛭石为 2∶2∶1 和菌糠∶椰糠∶蛭石为 2∶2∶1 基质的育苗效果最好，腐熟后的杏鲍菇菌糠可以部分或完全替代草炭进行甜瓜育苗。根据已有研究结果，将菌糠与草炭、蛭石、稻壳、秸秆、珍珠岩、河沙等常用基质材料混合使用，可降低总体基质的 EC，提高育苗效果。

菌糠中含有一些不稳定物质、难降解的木质纤维素类物质及一些有机酸、酚类等有害物质，因此未腐熟的菌糠不能直接用作食用菌栽培基质。以菌糠等有机原料配制栽培基质时，必须对菌糠进行前处理。蒋卫杰等（2000）提出改变原料的形态和发酵方法，使其具有相对合理的形态和理化性状，可为园艺作物创造适合的栽培环境条件，并有利于养分的平衡和释放。潘绍坤等（2017）以菌糠和牛粪为主要原料，先采用无害化发酵处理，制备发酵菌糠和母肥，再用母肥、发酵菌糠、草炭制成不同质量配比的栽培基质，结果发现发酵菌糠可替代 70%草炭用于茄子的育苗。赵荷娟等（2014）先将每吨双孢菇菌糠加入 100kg 鸡粪堆制发酵，再与草炭、珍珠岩、蛭石等进行复配制作草莓栽培基质，结果表明以菌糠∶草炭∶珍珠岩∶蛭石=1∶3∶1∶1 为配比的基质栽培草莓比对照组（草炭∶珍珠岩∶蛭石=4∶1∶1）增产 9.59%，且对果实品质无明显影响。菌糠基质化研究涉及很多方面，其研究深度仍然稍显不足，理论研究浅显。例如，在蔬菜栽培应用方面，多数研究只提供适宜的配方，理论支撑仍然较为模糊。此外，菌糠的成分和理化性质差异较大，因此应按照因地制宜的原则进行菌糠的基质化利用。菌糠除了基质化利用，还存在其他独特的作用。Holladay 等（2009）将菌糠用作景观覆盖物，可以抑制真菌对建筑物表面和景观表面的侵蚀，100%菌糠覆盖可以降低真菌的生长数量和种群。

3.2.3　菌糠循环利用制备生物质炭

生物质炭化技术是农业废弃物综合利用的重要途径之一。生物质炭是一种含碳量丰富、吸附能力较强的生物材料，具有高度芳香化、稳定性好、比表面积大和孔隙结构丰富等特点，被广泛应用于农业生产、生态环境保护及能源开发利用等领域（李波等，2017）。生物质炭的制备方法有干热解炭化法和水热炭化法。干热解炭化法可分为慢速热解和快速热解，慢速热解是目前制备生物质炭的主要方法，其加热速率小于1℃/s，最高温度达700℃，反应时间长；快速热解加热速率可达到1 000℃/s，最高温度达900℃，但易损坏生物质炭的内部结构，降低其产量。水热炭化法是指在一定的温度和压力下，把生物质原料研磨粉碎，加入去离子水，密闭在温度为150～300℃的高压反应釜中。水热炭化法最初为水解反应，然后是脱水脱羧芳香化过程（王志鹏和陈蕾，2019）。不同炭化方法、温度、炭化时间及原料性质等均会影响生物质炭的产率和性质。菌糠作为重要的农业废弃物资源之一，近年来也有用于制备生物质炭的研究报道。刘向东等（2016）将玉米秸秆、水稻秸秆和木耳菌糠3种生物质放在6个不同温度下，通过干热解炭化法制备生物质炭，通过比对生物质炭的得炭率、灰分、pH等参数，获得制备生物质炭的最佳温度为木耳菌糠400℃、水稻秸秆300℃、玉米秸秆400℃。他们综合各项性能指标认为，木耳菌糠生物质炭相比于水稻秸秆生物质炭、玉米秸秆生物质炭，更适合还田利用。陈慧玲等（2017a）研究不同微波裂解温度对菌糠生物质炭特性的影响，结果表明较低裂解温度下生物质炭元素组成含量较高，但裂解不完全；而随着裂解温度的升高，生物质炭表现出较高的 pH（10.43）、持水量（7.886mL/g）和比表面积（189.38m^2/g）。张羡等（2019）研究表明，秀珍菇菌糠生物质炭均一性较差，表面孔隙结构随着温度的升高而增多；用水热炭化法制备生物质炭的粗产率为15%～55%，用干热解炭化法制备生物质炭的粗产率为30%。

生物质炭孔隙丰富、比表面积大、吸附能力强，能够有效吸持水分及养分，具有作为栽培基质的特征。单一生物质炭作为栽培基质时 pH 较高，因此可以用水淋洗或与酸性物料混配等手段降低 pH，使栽培基质 pH 处于中性水平。在基质中添加适量的生物质炭可以增加基质孔隙度，降低基质容重，增加基质保水性及养分含量（陈慧玲等，2017b）。从目前的研究结果来看，生物质炭与其他添加剂联合使用的效果更好，适当比例的基质添加剂对基质性能及作物生长具有积极的影响。李志刚等（2012）研究在基质中添加生物质炭对番茄幼苗的影响，结果表明，生物质炭可显著促进番茄幼苗的生长发育，提高其叶面积、株高、茎粗、地上生物量及壮苗指数等。Fan 等（2015）发现添加 0.8g/L 的高吸水性树脂与 10%生物质炭，不仅可以增大基质孔隙度、持水量，还能够解决生物质炭带来的基质 pH 和电导率过高的问题，从而有效改善基质栽培空心菜的生长和养分吸收情况。王媛等（2019）用生物质炭替代传统栽培基质进行凤仙花栽培的研究发现，适量添加生物质炭可有效调节基质 pH 并提高基质有效磷含量，促进凤仙花生长，但如果生物质炭过量，则基质 pH 逐渐升高，难溶态磷向可提取态磷的转化减少，有效磷含量降低，单一生物质炭基质下凤仙花发芽率较低。综上所述，生物质炭在无土栽培方面具有广阔的应用前景，但要控制好 pH 和电导率。今后应加强对以生物质炭为原料配制基质进行无土栽培的病虫害防治技术和水肥管理技术等的研究。

3.3 有 机 肥 料

3.3.1 菌糠直接还田

肥料化利用是目前食用菌菌糠最广泛的利用模式之一。食用菌菌糠不仅含有丰富的氮、磷、钾等作物所需的营养元素，还具有独特的理化性质，有利于微生物的生长，是良好的土壤改良剂，具有改变土壤结构、改善土壤微生态环境的作用。王佰成（2014）研究表明，每 100kg 食用菌菌糠所含氮、磷、钾分别相当于 4.85kg 尿素或 11.98kg 碳酸氢铵、12.14kg 过磷酸钙和 3.92kg 氯化钾，施用食用菌菌糠对改善、增强土地肥力具有积极意义。赵丽珍和刘振钦（1996）直接施用食用菌菌糠种植大豆的试验结果表明，施用菌糠后，苗期和结荚期的大豆根瘤菌数量明显增加，植株生长健壮、增产，每亩可增产 16.3%～25.6%。陈世昌等（2012）对不同平菇菌糠还田量的研究表明，与无菌糠还田相比，10kg/m^2、12.5kg/m^2 和 15kg/m^2 平菇菌糠还田明显改善了梨园表层土壤理化性状和生物性状，同时平菇菌糠还田显著提高了梨果单果重、硬度、可溶性固形物及可溶性糖含量，且各指标随着平菇菌糠投放量的增加而增加。贾明等（2012）对金福菇菌糠直接还田的研究表明，通过增施金福菇菌糠改变了土壤原有的 B/F 值（细菌总数与真菌总数的比值）和 A/F 值（放线菌总数与真菌总数的比值），改善了设施大棚内土壤的环境，促进了作物生长。

近年来也有研究关注菌糠长期还田可能产生的土壤污染问题。食用菌栽培基质中添加畜禽粪便等原料，可能导致菌糠中残留大量的重金属元素（如铜、铅、锌和镉等），若长期大量施用食用菌菌糠可能给土壤带来重金属污染（Song et al., 2014）。周伟等（2017）研究发现，随着双孢菇菌糠年施用量的增加，铜、铅和锌年净增加值呈上升趋势，而镉年净增加值表现出先减小后增加的趋势；基于土壤重金属生态风险和经济效益考虑，建议双孢菇菌糠适宜还田量为 11 763～12 850kg/hm^2。菌糠作为肥料应用已初见成效，但由于菌糠中残留多种微生物，如果直接施用则可能对土壤微生态环境造成一定的影响。食用菌菌糠还田污染问题还需要进行长期深入的研究。

3.3.2　菌糠堆肥化

堆肥化被认为是一种与环境相适应的植物源性固体废弃物循环利用方式，以其无害化、腐熟度高、堆肥时间短、处理规模大、成本低、适于工厂化生产等优点逐渐成为农业废弃物的首选处理方式，是一种低成本的有机物质循环利用途径。管道平等（2008）研究表明，菌糠经堆肥化处理后，其纤维素和木质素被大量降解，含有大量的菌体蛋白，具有较小的碳氮比，可以为农作物和土壤微生物提供氮素营养。山东省农业科学院土壤肥料研究所对农户和工厂化菌糠进行有机质和氮、磷、钾等养分的调查分析表明，以棉籽壳、玉米芯、秸秆、木屑为主料生产的食用菌菌糠，有机质含量相对较高，为 34.2%～740.8%，该含量大于《有机肥料》（NY 525—2012）中对有机质含量的基准要求（≥30%），完全可以作为生产有机肥的原料（宫志远，2010）。

利用菌糠生产有机肥的研究主要集中在两个方面：一是对菌糠堆肥工艺和参数的控制，二是菌糠有机肥施用及其对作物生长和土壤的影响。刘冉等（2018）采用自制的发酵菌剂对黑木耳菌糠进行常温发酵，在发酵过程中，最高堆内温度达到 67.6℃，55℃以上持续天数为 14d，碳氮比由最初的 66.6 下降到 24，血糖生成指数（glycemic index，GI）由发酵前的 68.4%升高到发酵后的 87.2%，达到完全腐熟标准。洪春来等（2015）研究表明，在香菇菌糠中添加 30%的牛粪或 10%的牛粪+3‰复合菌剂能大大促进香菇菌糠堆肥升温腐熟发酵过程，缩短物料无害化处理周期。张勇等（2019）以香菇菌糠为底料，以鸡粪和羊粪为辅料，以 EM 复合菌为起始菌剂进行菌糠堆肥试验，结果表明，鸡粪比羊粪更适合作为菌糠堆肥辅料。刘超等（2018）对牛粪、猪粪、鸡粪 3 种典型畜禽粪便与菌糠用相同配比 1∶2 进行高温堆肥试验，结果表明，3 种处理组均可以在 50℃以上保持 10d，或 60℃以上保持 5d，保证了堆肥的卫生指标，相对于牛粪，鸡粪和猪粪堆肥腐熟周期更短。虽然国内外对食用菌菌糠堆肥化进行了许多研究，但是不同菌糠所含成分有所差异，因此不同菌糠的发酵工艺有差异，应该按照菌糠种类和发酵地域进行区别化处理。

施用菌糠有机肥可以提高土壤肥力，增加土壤有机质和养分含量，提高养分的有效性，从而起到增产的作用。曾振基等（2015）利用当地食用菌菌糠、羊粪、烟草废料经微生物菌种发酵生产有机肥，并进行田间试验，结果表明，在金柚、蜜柚、脐橙、花生、番薯、苦瓜、油茶和茶叶等作物上试用，均有 7%以上的增产效果。唐龙翔和李文庆（2009）报道显示，将菌糠堆肥直接施入土壤能显著降低番茄早疫病、番茄根腐病的发病率，将其制成浸提液喷洒在番茄叶面也可以有效防止番茄早疫病的发生，并对黄瓜枯萎病病原菌表现出较好的抑制效果。尽管国内外重视菌糠堆肥利用的研究并已投入生产实践，但是对菌糠循环利用对农田生态环境的影响与评价的研究还比较缺乏。今后应加强和跟踪研究食用菌菌糠循环利用对农田生态环境的影响，深入探讨和评价不同栽培技术模式下长期施用菌糠有机肥对作物的生长发育、土壤肥力、土壤生态及农田环境的影响，为科学施用菌糠有机肥提供理论依据。

3.4　能源材料

随着国民经济水平的提高和社会的高速发展，对不可再生能源的消耗加剧，绿色发展和可持续发展受到空前重视，各国都大力推进新能源的开发与利用。食用菌栽培废弃物的能源化，不仅是再生资源的二次利用，也是对不可再生资源的保护，是实现资源循环和生态保护的重要举措。

我国于 2005 年通过了《中华人民共和国可再生能源法》（2009 年修正），2007年发布了《可再生能源中长期发展规划》，清洁能源机制法律框架在我国已基本形成。除了建立相应的法律、法规，我国政府还逐年增加对清洁能源产业的投资。根据皮尤慈善信托基金会（The Pew Charitable Trusts）统计，2010 年我国在清洁能源方面的投资总计达 544 亿美元，成为全球最大的清洁能源投资国。截至 2021年，由农业农村部颁布实施的生物质能标准已达 100 余项，包括生物质能产业管理、产品技术条件、检测方法、施工规程等。这些标准的颁布实施，对提升我国生物质能技术水平、保证产品质量、规范市场行为具有重要作用。

3.4.1　生物质颗粒燃料

生物质颗粒燃料是生物质固体形态的能源化利用方式，也是生物质能源化利用最简单、最直接的途径之一。生物质颗粒燃料是指利用机械力将生物质压缩或挤压成容积密度较大、热效率较高、便于运输和贮藏的固体成型燃料，其容积密度可以提高到原来的 10 倍以上（大于 $600kg/m^3$），形状和尺寸统一，使用方便，易于燃烧，是煤和薪柴的优质替代燃料（马孝琴，1998）。生物质颗粒燃料是由"三剩物"经过加工产生的块状环保新能源。三剩物包括森林三剩物和农业三剩物。森林三剩物包括采伐剩余物（枝、丫、树梢、树皮、树叶、树根及藤条、灌木等）、造材剩余物（造材截头）、加工剩余物（板皮、板条、木竹截头、锯末、碎单板、木芯、刨花、木块、边角料等）；农业三剩物指剩气、剩水、剩渣。生物质颗粒具有以下特性：直径一般为 6～8mm，长度为直径的 4～5 倍，破碎率小于 1.5%，干基含水量小于 15%，灰分含量小于 1.5%，硫含量和氯含量均小于 0.07%，氮含量小于 0.5%。

生物质颗粒燃料的研究始于 20 世纪 30 年代，但其作为产业是在 20 世纪 70年代石油危机期间发展起来的。当时石油价格飙升，迫使部分欧美国家大力开发替代能源。生物质颗粒燃料经过几十年的发展，生产技术逐渐成熟，产品质量有了很大的提高。生物质颗粒燃料的生产原料主要来源于当地林业废弃物，运输成本低、价格便宜，因此物美价廉的生物质颗粒燃料成为煤和天然气的替代能源，深受欧美国家青睐。石油危机过后，随着世界石油价格的稳定，生物质颗粒燃料的生产和使用逐渐走向萧条，生物质颗粒燃料产业的发展逐渐变缓。

直到 20 世纪 90 年代，由于长期大量使用煤、石油、天然气等化石能源造成石油资源骤减和全球气候变暖等问题，积极开发和使用可再生清洁能源、减少化石能源的消耗、降低温室气体的排放成为世界各国缓解能源危机和解决气候变暖问题的方法。在国际社会和各国政府的共同努力下，一些限制全球温室气体排放的国际协议书纷纷出台，这些国际协议书成为世界可再生清洁能源发展的驱动力，大大刺激了可再生能源的发展。生物质颗粒燃料产业也再次进入人们的视野，并在 21 世纪得到迅速发展，其产量以每年 18%～25%的速度增长（Lamers et al., 2012）。

3.4.2　沼气

沼气是牲畜粪便厌氧发酵的副产品，由 50%～80%的甲烷、20%～40%的二氧化碳、0～5%的氮气、小于 1%的氢气、小于 0.4%的氧气与 0.1%～3%的硫化氢等气体组成。甲烷是沼气的主要成分，无色无味，与适量空气混合后可燃烧，是一种理想的气体燃料。沼气是一种具有较高热值的可燃气体，其热值为 20～25MJ/m³，1m³ 沼气的热值相当于 0.8kg 标准煤。与其他燃气相比，沼气抗爆性能较好，是一种很好的清洁燃料，大多用于取暖、炊事和照明（刘振波等，2008）。

1. 发展历史

沼气作为能源利用已有很长的历史。20 世纪 70 年代初，我国政府在农村大力推广沼气应用，其形式主要为农用沼气池（王璋保，2003）。自 20 世纪 80 年代以来，以沼气为纽带，物质多层次利用、能量合理流动的高效农业生产模式，已逐渐成为我国农村地区利用沼气技术促进农业可持续发展的有效方法。通过沼气发酵综合利用技术，可以将沼气用于农副产品生产、加工，将沼液用于肥料、饲料、生物农药、培养料的生产，将沼渣用于肥料、饲料的生产。我国北方地区推广的塑料大棚、沼气池、畜禽舍和厕所相结合的"四位一体"沼气生态农业模式（党常英和张兴东，2004），中部地区以沼气为纽带的生态果园模式（张全国等，2003），南方地区建立的猪—沼—果模式，以及其他地区因地制宜建立的养殖—沼气—种植、猪—沼—鱼草—牛—沼（刘经荣等，2003）等模式都是以养殖业为龙头、以沼气为纽带，对沼气、沼液、沼渣进行多层次综合利用的生态农业模式。沼气发酵综合利用生态农业模式的建立使沼气与生态农业紧密结合起来，是发展绿色种植业、养殖业的有效途径。

2. 技术应用

沼气燃烧发电是随着大型沼气池建设和沼气综合利用的不断发展而出现的一项沼气利用技术，它将厌氧发酵产生的沼气用于发电，并装有综合发电装置。因地制宜地发展沼电，如建造微型"坑口电站"，可取长补短、就地供电（刘振波等，2008）。

燃料电池是 21 世纪最有竞争力的高效、清洁的发电方式，它在洁净煤发电站、电动汽车、移动电源、不间断电源、潜艇及空间电源等方面有着广泛的市场潜力和应用前景。沼气燃料电池是最新出现的一种清洁、高效、低噪声的发电装置，与沼气发电机发电相比，不但发电效率和能量利用率高，而且振动和噪声小，排出的氮氧化物和硫化物浓度低，是有效利用沼气资源的一条重要途径（曾国揆等，2005）。

我国燃料电池的研究始于 1958 年，天津电源研究所最早开展了熔融碳酸盐燃料电池（molten carbonate fuel cell，MCFC）的研究。20 世纪 70 年代在航天事业的推动下，我国燃料电池的研究迎来第一次高潮。但是，由于多年来在燃料电池研究方面投入的资金有限，就燃料电池技术的总体水平来看，我国与发达国家尚有较大差距。

3.4.3　发电生物质

生物质能是典型的分布式可再生清洁能源，其燃烧发电可降低氮氧化合物、二氧化硫等污染气体的排放量，实现二氧化碳的零排放，是替代煤、石油、天然气等常规化石能源的可再生清洁能源之一。从国际经验来看，发展生物质与燃煤混合发电，是加快电力结构转型升级、治理环境污染的有效手段。生物质发电技术方案主要有以下几种。

1. 燃煤机组耦合生物质气化发电

燃煤机组耦合生物质气化发电目前多采用循环流化床气化技术，先将生物质和气化介质混合后进行热化学反应生成氢气、一氧化碳和碳氢化合物等可燃气体，然后将合成气作为燃料直接送入锅炉与煤粉一起燃烧发电。

在传统燃煤锅炉的基础上，将生物质气化后的合成气输送到燃煤锅炉进行再燃烧，还原主燃区产生的氮氧化合物，降低选择催化还原（selective catalytic reduction，SCR）烟气脱硝负荷，这不仅节省了燃煤，还减少了硫氧化合物、氮氧化合物、粉尘和二氧化碳等排放，有利于生态环境的可持续发展。

目前国内外生物质气化发电技术多采用加压富氧技术，相比于常压空气耦合发电技术，其对生物质种类适应性强、气化效率高、合成气品质好，同时占地面积、燃气管径和设备均较小，节省了投资成本，减少了运行过程中的安全隐患，为锅炉的安全运行提供了保障。

2. 生物质直燃发电

生物质直燃发电技术在国际上应用较多，其研究思路基本一致，不同点主要在于不同生物质炉前给料系统的形式不一样。目前国内外生物质电厂的主要给料系统有打包上料+炉前破碎、炉前料仓+二级给料、分料器+一级给料和活底料仓。

生物质燃料热值低、水分含量高，因此在纯生物质燃烧发电时，锅炉炉膛内平均温度低，蒸汽达不到额定参数，导致锅炉效率低。此外，生物质中含有大量灰分，容易附着在受热面上，导致传热效率低。生物质中含量较多的钠、钾、氯等元素，会使灰分的熔点降低，易造成结渣和受热面腐蚀，因此生物质直燃发电一般适用于小机组锅炉。

3. 生物质与燃煤混烧发电

生物质与燃煤混烧发电是在燃煤的基础上掺混生物质进行发电，其利用了煤炭与生物质燃料不同特性的协同效应。国内生物质发电以与燃煤直接混烧发电为主，其基本思路以等量代替为原则，即按照生物质发电新增装机容量和发电量，等量消减燃煤机组装机容量和发电量，从而消减生物质电厂锅炉燃煤量，实现清洁能源的最大化利用，加快能源结构向低碳化、绿色化转型。

4. 生物质沼气发电

生物质沼气发电是集节能与环保于一体的新型发电技术，主要利用有机废弃物及城市生活垃圾发酵产生沼气，利用沼气燃烧驱动发电机组发电。发酵生成的沼气主要由甲烷、一氧化碳、氢气、硫化氢、氨气、二氧化碳、氮气、氧气等气体组成，不同原料配比、条件和发酵阶段产生的沼气，其成分有所不同。目前研究得出适合厌氧发酵产生沼气的条件为 pH 6.8～7.5，温度 30～45℃，原料碳氮比为 20～30（金珍和刘昌盛，2016）。

生物质沼气发电技术研制的重点为：解决沼气净化、稳压燃烧和内燃机启动、运行问题，高效稳定沼气发电工程系统的开发，减少沼气发电千瓦时沼气消耗量的相关技术研究和高效的小型沼气发电设备研制（刘振波等, 2008）。

3.5　生态环境修复材料

生态环境是人类生存和发展的基石。由于社会工业化、城市化的脚步不断加快，人类赖以生存的水资源和土壤资源等受到严重污染，生态环境修复已成为全球亟待解决的重大难题，寻找合理有效的生物材料也成为热点问题。通过实践研究发现，菌物与动物、植物一起在生态修复中发挥着重要作用。

3.5.1　水质净化

1. 微生物修复

微生物修复技术是最早也是最主要的生物修复技术，其原理是在有氧或无氧的条件下，在人为促进工程化条件下，利用自然环境中生存的微生物或投加的特定微生物，将有机物或其他污染物进行分解并释放氮、磷等营养元素，最后转化成无机元素（矿化）而被植物吸收利用，从而修复被污染的环境（李秋芬和袁有宪，2000）。微生物还具有杀藻、抑藻和有效降解藻毒等作用，对水体改良和修复的效果非常明显（刘军等，2005）。

目前用于生物修复的微生物主要包括细菌、真菌及原生动物三大类（涂书新和韦朝阳，2004）。进行原位生物修复，必须具备具有活性的专性微生物及形成生物膜的载体、适宜生物生长并发挥作用的处理场地、水体容量和 pH 适中的水环境、充足并投放合理的营养供应、充分的氧气与电子受体，及有机质或无机盐等。在养殖水环境异位微生物修复技术中，应用最广泛的是生物膜反应器，也称生物膜法。从形式分类，生物膜反应器有 4 种形式：生物滤池、生物转盘、流化床和生物接触氧化（冯东岳和季相山，2018）。

2. 水生植物修复

水生植物主要包括水生维管束植物、水生薛类和高等藻类三大类。水生植物修复技术主要是利用植物对营养盐的吸收、氧气释放及对藻类的克生效应或化感作用来改善水环境。目前应用于湖泊、河流、养殖池塘等淡水水域生态修复的植物比较多，有苦草、轮叶黑藻等，应用于海水池塘、海湾生态修复的植物主要有大型海藻（如海带等），这些植物都能有效地改善养殖水体的水质（王寿兵等，2007）。

3. 水生动物修复

水生动物修复技术主要是先依靠水生动物对有机污染物的吸收作用及对浮游藻类的摄食作用，把营养物质转移到食物链等级较高的水生动物体内，再通过人为捕捞水生动物把营养物质从水体中去除，或及时清理水生动物的粪便等以达到修复环境的目的。

食藻螺、寄居蟹、虾类等甲壳动物能够清理藻类和有机碎屑；虾虎鱼等能够处理沙床上的碎屑和有机物；还有一些滤食性贝类、某些杂食性的棘皮动物（如海参、翻沙海星、海绵类生物等），也可以起到水质净化的作用（孙成渤等，2017）。

3.5.2　污水处理

矿业废弃区的水体和垃圾填埋场的垃圾渗滤液，对地表、地下水体造成了严重污染。另外，我国一些河流湖泊水体都处于比较严重的污染状态，且有继续加剧的趋势。人工湿地是生物修复此类污水的重要技术之一，其基本原理是利用湿地水体中的微生物和湿地植物降解、吸收和截流污水中的污染物，从而达到修复污水的目的。

1. 城市污水处理

城市污水处理厂一般采用生物处理工艺进行污水处理。生物处理工艺分为活性污泥法和生物膜法。绝大多数城市污水处理厂采用活性污泥法，该方法是成熟的污水处理工艺，能有效地去除城市污水中的主要污染物，操作方便、节约成本（徐向红和李志娟，2003）。污水处理厂的处理水有直接排放和回用两种处理方式。污泥处置作为整个污水处理工程最重要的环节之一，如果污泥不能得到妥善处置则会产生二次污染。目前污泥处置方法主要有填埋、堆肥、焚烧和污泥制砖（刘帅霞，2006; Zhang et al.，2007a），其中填埋和堆肥是主要的处理方法。

生物膜法本质是利用微生物进行污水处理和净化，在实际操作过程中采用一定的滤料进行过滤，可以使微生物附着在滤料表面，形成一种由微生物构成的膜，即生物膜。当污水通过该生物膜时，污水内部的一些有机质就被微生物分解，或者一些溶解性的有机污染物直接被生物膜吸附，最终转化成水和二氧化碳等物质，实现对污水的处理。

2. 农村生活污水处理

农村生活污水是指居民生活过程中产生的厨房洗涤水和厕所冲洗水、沐浴排水及分散养殖过程中产生的废水等。农村生活污水的水质、水量和排放方式因各地经济发展水平和居民生活习惯的不同而差异较大，其主要特点如下。①氮、磷含量高，且含有大量的营养盐类，基本不含重金属和有毒有害物质，污染物相对简单，可生化性强。农村生活污水一般 pH 为 6～8，悬浮颗粒物浓度（suspended solid，SS）≤500mg/L，色度≤100，化学需氧量（chemical oxygen demand，COD）为 250～400mg/L，5 日生化需氧量（biochemical oxygen demand for 5 days，BOD_5）为 120～200mg/L，氨氮为 40～60mg/L，总磷（total phosphorus，TP）为 2.5～5.0mg/L。②用水量增长快，污水中污染物浓度较低。③水质波动较大，排放点分散，区域排放特征差异显著（Grote，2016）。

我国农村生活污水治理工作始于 20 世纪 80 年代。我国农村生活污水处理技术主要包括人工湿地技术、土壤渗漏技术、稳定塘技术、生物接触氧化法、膜生物反应器（membrane bioreactor，MBR）技术、净化沼气池处理技术、活性污泥法及小型一体化污水处理技术（蒋岚岚等，2010）。对于集中式污水处理，目前应用最广泛的是活性污泥法和生物接触氧化法。采用活性污泥法的生活污水处理设施接近 60%，采用生物接触氧化法的生活污水处理设施占 30%以上（李红霞等，2016）。对于分散式污水处理，全国近 50%的生活污水处理设施选用小型人工湿地技术，25%以上的生活污水处理设施采用小型一体化污水处理装置（Gu et al.，2016），少量设施选用稳定塘技术、土壤渗漏技术和净化沼气池处理技术。在北方大部分地区，由于年平均气温较低、水资源相对匮乏、土地面积较大，农村生活污水处理主要利用土壤渗漏技术（骆其金等，2018），这不仅能有效地去除农村生活污水中的有机物、氮和磷等，还能达到节约用水的目的。

3.5.3　废弃物降解

1. 微生物堆肥处理技术

堆肥是农业废弃物无害化处理和肥料化利用的重要途径（Strom，1985；张亚丽等，2002）。堆肥是指在人工控制的条件下，利用自然界广泛存在的细菌、放线菌、真菌等微生物或人工商业菌株，促进可被生物降解的有机物向稳定腐殖质转化的生物化学过程。堆肥的最大降解效率取决于水分含量、pH、氧气、温度和碳氮比。堆肥的作用有：消除臭味，杀死病原菌及寄生虫卵；降解大多数毒性有机物；固化和钝化金属；改善物理性状，降低含水量（可使含水量低于 40%）。

堆肥技术有很多种，其中高温好氧堆肥是园林废弃物实现无害化的一个主要途径，一般要经过升温、高温、降温等阶段，在高温阶段可以最大限度地降低病菌、虫卵等有害物质的影响（胡学玉和李学垣，2002；李国学和张福锁，2000）。高温好氧堆肥的本质就是在通气条件下，通过群落结构演替非常迅速地实现多个微生物群体共同作用的动态过程。在该过程中，每个微生物群体都在短时间适合自身生长繁殖的环境条件下，对某种或某类特定的有机物质起分解作用（牛俊玲，2005）。根据技术的复杂程度，堆肥系统可分为 3 类：条垛式堆肥、静态垛式堆肥和发酵仓式堆肥系统。随着堆肥技术的发展，传统的露天堆放逐渐被堆肥发酵装置所取代。

堆肥物料主要包括城市污泥、垃圾、作物秸秆、畜禽粪便等固体废弃物，其成分由单糖、蛋白质、脂类、纤维素、半纤维素及木质素等构成，其中纤维素、半纤维素及木质素占的比重较大（李国学和张福锁，2000）。木质纤维素转化为腐殖质是堆肥充分腐熟的关键（El，1983）。史玉英等（1996）在纤维素分解菌群的分离和筛选研究中，发现由真菌、细菌组成的混合菌分解纤维素的能力明显高于其中任何一个单一菌株。崔宗均等（2002）筛选和驯化了高效而稳定的纤维素分解菌复合系统。在该系统中多种微生物协同作用，形成较为稳定的自然生态系统，不易被外界杂菌破坏。蒲一涛等（1999）利用筛选出的固氮菌和纤维素分解菌进行混合培养，加速了有机垃圾的降解，同时提高了氮含量。

2. 利用废弃物生产生物农药

利用废弃物生产生物农药被广泛用于绿色有机农业中，是废弃物利用的新途径。Poopathi 和 Abidha（2007）用家禽羽毛等废弃物作为培养基培养苏云金芽孢杆菌（Bt），通过微生物的生物合成产生蚊子毒素，对该毒素进行生化特性研究，发现其杀虫效果与用传统的微生物发酵产生的蚊子毒素几乎一致。

我国某单位研发了 Bt 生物农药新工艺，采用的固态发酵法比国内 Bt 生产企业采用的液体深层发酵技术更为绿色环保。Cayuela 等（2008）将橄榄油厂的废料和其堆肥提取物作为生产生物农药的原料，结果表明，将二者作为原料生产生物农药具有很好的应用前景。

第4章

生态菌物的循环生产模式

4.1 作物—菌物循环模式

4.1.1 概述

我国的农作物主要有玉米、水稻、大豆、小麦、油菜、棉花、薯类等，其中水稻、玉米和小麦种植面积较大。我国目前栽培的食用菌主要有香菇、黑木耳、平菇、金针菇、杏鲍菇、双孢菇、毛木耳等。

农作物收获后会产生大量废弃物，如水稻和玉米的秸秆、玉米芯、棉籽壳、麦麸等，这些废弃物主要由纤维素、木质素、粗蛋白质、灰分等组成。其中的大分子物质难以被直接利用，如果直接焚烧，则会造成环境污染和资源浪费。食用菌的菌糠等废弃物同样不能随意丢弃，若随意丢弃，则除了污染土壤，其散发的气体还会影响周围的生活环境。

用于食用菌栽培的农作物秸秆有水稻秸秆、玉米秸秆、棉花秸秆、小麦秸秆、油菜秸秆等，材料来源非常广泛，且价格低廉，能够降低菌物生产成本。对菌糠进一步处理后，可以将其作为培养料继续栽培其他菌类，也可以将菌糠废弃物制成有机肥还田，实现菌糠的高效循环利用。

如何实现作物—菌物的循环利用，提高农业资源利用率和经济效益，减少化肥施用量和改善居住环境，是农业生产需要解决的难题。用作物秸秆、玉米芯和棉籽壳等制成的培养料栽培食用菌，不仅可以降低生产成本，还可以解决作物秸秆直接还田和焚烧秸秆引起的环境污染等问题。

4.1.2 作物—菌物循环模式利用现状

香菇栽培主要使用玉米秸秆、玉米芯和麦麸；水稻秸秆是培养优质双孢菇的良好原料；棉籽壳可以用于栽培金针菇；猪、牛、羊、鸡、鸭等畜禽粪便与作物秸秆混合发酵后，可作为姬松茸的栽培原料。食用菌采摘后的菌糠，经过处理可继续作为培养料栽培其他菌类。杏鲍菇的菌糠可以用于栽培香菇，平菇的菌糠可以用于栽培鸡腿菇。

农作物可以与食用菌进行间套种，如食用菌与水稻或玉米进行套种，在不增加投入成本和影响农作物产量的情况下，实现农作物和食用菌双丰收。在竹荪—木薯套种模式中，木薯为竹荪产菇提供遮荫的生长环境，竹荪培养料可以作为木薯的有机肥料，相互促进产量和品质的提升。类似的还有竹荪—芋芳/大豆的菌菜间作套种技术模式。

农作物与食用菌的轮作生产模式，如水稻—香菇/大球盖菇/黑木耳的轮作模式，是指在水稻收割后，先用水稻闲田栽培香菇等，再将废弃的菌棒作为有机肥还田，从而实现菇稻轮作循环生产。这种模式不仅能解决作物秸秆的处理难题，还可以减少化肥的使用量，既能保证粮食生产，又能增加种植效益，实现农业废弃物的循环利用。

4.1.3　作物—菌物利用技术及生态循环模式

水稻、玉米、大豆、棉花、油菜等农作物收获后残留大量的秸秆和籽壳，其主要成分是纤维素、木质素、粗蛋白质、粗脂肪等难以被直接利用的大分子物质。食用菌的菌丝能分泌大量的酶，可以将这些大分子物质有效分解成能被自身和农作物利用的小分子物质。因此可以农作物废弃物为原料进行食用菌栽培，生产人类可利用的农产品，并将多余的菌糠作为有机肥还田种植农作物。农作物废弃物通过食用菌栽培体系提高了有机质和氮素的利用率，减少了有机肥和含氮化肥的用量。有些食用菌的菌糠经处理后可以继续作为其他食用菌的培养料，如平菇的菌糠可用于栽培鸡腿菇。作物—菌物的循环利用模式将农作物废弃物与食用菌栽培结合起来，实现了农业废弃物的循环和转化。食用菌在循环农业中充当"枢纽"的角色，是实现现代绿色农业的重要环节。

水稻—水稻秸秆—食用菌—有机肥—水稻的有机循环农业模式是，用稻草栽培食用菌，用食用菌的菌糠作为有机肥种植水稻，充分利用了农田大量堆积的水稻秸秆，规避焚烧水稻秸秆引起的空气污染问题。食用菌菌糠经处理后，作为有机肥直接施用于农田，一方面增加农田土壤的有机质含量和改善土壤结构，另一方面节约肥料，降低生产成本，为种植水稻提供了良好的条件。类似的还有用玉米芯栽培香菇，将产菇后的菌糠堆沤后作为有机肥施放到玉米地，增加玉米地土壤的有机质含量；回收秸秆作为食用菌培养料栽培凤尾菇，用采菌后的菌棒制作有机肥还田，可改善土壤理化性质，进而种植油菜或红高粱。

水稻—食用菌—芦笋的双作物食用菌循环耕种模式是指，在农田种植水稻，用水稻收割后的稻草栽培食用菌，用菌糠作为有机肥还田改良土壤，种植芦笋。这种模式不仅实现了水稻和食用菌废菌料的循环利用，还能够实现食用菌与芦笋产业的相互促进发展。

类似的还有桑树—蚕—稻草/蔗叶—食用菌—菌糠肥桑种养模式和牧草—奶牛—牛粪—食用菌—牧草循环生态种养模式。作物—菌物的循环利用模式，不但能生产出优质的农产品，而且能解决农作物废弃物处理的难题，增加农作物的利用价值。

4.2　作物—菌物—畜禽循环模式

4.2.1　概述

作物—菌物—畜禽循环模式是由作物—菌物和菌物—畜禽两个环节构成，菌物（食用菌）作为纽带，连接作物（种植业）和畜禽（养殖业）。

1. 作物与食用菌

作为农业的重要组成部分，种植业是农民获取粮食和收入的重要途径。我国是农业生产大国，生产的农作物秸秆种类多、数量大、分布广。农作物秸秆指水稻、小麦、玉米等农作物收割后的茎、叶等残留物。据报道，2021 年，我国秸秆利用量为 6.47 亿 t，综合利用率达 88.1%，较 2018 年增长了 3.4%。肥料化、饲料化、燃料化、基料化和原料化利用率分别为 60%、18%、8.5%、0.7%和 0.9%，其余的秸秆被废弃。农作物秸秆产业化利用程度低、经济效益差及成本高等因素，导致我国农作物秸秆或被废弃或直接燃烧，既浪费资源又造成环境污染，这需要引起全社会的广泛关注（曹国良等，2007；石祖梁等，2016；陈玉华等，2018）。

将农作物秸秆用于食用菌栽培，可产生一定的阿拉伯聚糖酶、木聚糖酶及纤维素酶等胞外酶，这些酶能够将秸秆中的纤维素等物质降解成可溶性的糖类物质，使食用菌在发育过程中形成高蛋白子实体。据测算，1kg 的小麦秸秆如果用于食用菌栽培，则可生产 0.8kg 平菇。因此，将农作物秸秆用于食用菌栽培，既能提升经济效益，又能延伸种植业产业链条。

2. 畜禽与食用菌

养殖业是农业的重要组成部分，在提供动物性食品的同时也能产生大量的畜禽粪便。传统的畜禽粪便利用方式是将畜禽粪便腐熟作为有机肥施入农田。虽然这种方式可以取得一定成效，但是其效率与效果都不甚理想，如果操作不当，则会诱发作物病虫害，甚至污染土壤。如果将畜禽粪便作为培养料栽培食用菌（如双孢菇），则既可以提高食用菌的经济效益，又可以有效解决畜禽粪便未得到有效利用的问题（朱凤连等，2008）。

3. 菌糠与作物、畜禽

食用菌菌糠是以农作物秸秆和畜禽粪便为原料栽培食用菌后的废菌料，这些废菌料中含有大量菌丝体、蛋白质及其他营养物质。这些有机质可以作为一种很好的有机肥料，种植蔬菜等经济作物，增加土壤肥力，改善土壤团粒结构；经过适当加工处理后还可以作为饲料或饲料添加剂，替代一部分饲料或其他营养元素饲养畜禽。

4.2.2　作物—菌物—畜禽循环模式利用现状

1. 食用菌对农作物秸秆和畜禽粪便的利用方式

农作物秸秆中含有大量纤维素、半纤维素、木质素，畜禽粪便中含有较多有机物，这两类物质都能够提供食用菌生长所需要的碳、氮营养。农作物秸秆须进行粉碎，然后暴晒处理；畜禽粪便须采用建堆发酵方式腐熟，然后以其进行充分拌料，使其含水量达到 60%～65%；经过前处理的农作物秸秆和畜禽粪便可作为栽培基质生产食用菌。

2. 食用菌利用农作物秸秆和畜禽粪便的经济效益

如果用 80kg 稻草和 20kg 牛粪栽培食用菌，则生物学转化效率达到 80%，可以采摘 80kg 蘑菇，如果蘑菇市场售价为 14 元/kg，则可带来经济效益 1 120 元，可使面积为 3 335m^2 的农田一年增收 1 万多元。以农作物秸秆和畜禽粪便栽培食用菌，不仅可以解决农作物秸秆和畜禽粪便处理难的问题，还可以提供食用菌生产所需的原料，节约菇农栽培成本，增加经济效益，促进食用菌产业发展。

3. 食用菌利用农作物秸秆和畜禽粪便的环境效益

从全国范围来看，农作物秸秆和畜禽粪便的资源化利用程度还不高。近年来，虽然国家大力推广农作物秸秆还田（韩鲁佳等，2002）及生物质炭化还田技术（王成己等，2018），但仍有很大比例的农作物秸秆被焚烧或随意丢弃，不但造成环境污染，而且产生安全隐患（范冬雨等，2021）。畜禽粪便的随意堆放会造成水体污染、空气污染等。利用食用菌来分解、利用农作物秸秆和畜禽粪便，先使其变成有用的菌糠，再回到种植业和养殖业，实现了资源的高效循环利用，对构建资源节约型、环境友好型生态系统起到积极的推动作用。

4. 作物—菌物—畜禽循环模式的特征及资源化利用途径

以食用菌产业为纽带的循环农业模式的主要特征是利用大量农牧业废弃物（农作物秸秆、畜禽粪便等）发展食用菌产业，以培养料的规模生产、加工、销售为主导，实现区域内资金、技术、原料、生产对象的最大集约化，吸纳更多的剩余劳动力从事食用菌生产，同时对产生的大量菌糠进行多途径的资源化利用。

目前比较成熟的菌糠废弃物资源化利用途径主要有：一是肥料化，将菌糠发酵制成优质有机肥料，用于农田或能源生态大棚生产绿色食品；二是能源化，将菌糠通过沼气发酵手段，由生物质能转化成化学能，解决农村生活能源问题，同时，沼液、沼渣也是农业生产的优质肥料；三是饲料化，将菌糠发酵成养殖饲料，或者用菌糠直接饲养蚯蚓将其转化为药材、饲料、肥料。对菌糠的多元化利用，不仅解决了食用菌生产中产生大量废弃物的问题，还进一步延长了产业链条，增加从业者的收入，实现了农业资源转化增值的最大化（陈诗波和王亚静, 2009）。

4.2.3　作物—菌物—畜禽利用技术及生态循环模式

以食用菌生产为纽带，将种植业、养殖业有机组合，构建 4 条循环链（丁强等, 2011）：农作物+畜禽—食用菌—肥料—农作物、农作物+畜禽—食用菌—蚯蚓—饲料（蚯蚓）+肥料（蚯蚓粪便）—农作物+畜禽、农作物+畜禽—食用菌—沼气发酵—燃料（沼气）+肥料（沼液、沼渣）—农作物、农作物+畜禽—食用菌—饲料—畜禽，从而形成一个有机循环农业模式。作物—菌物—畜禽生态循环模式见图 4-1。

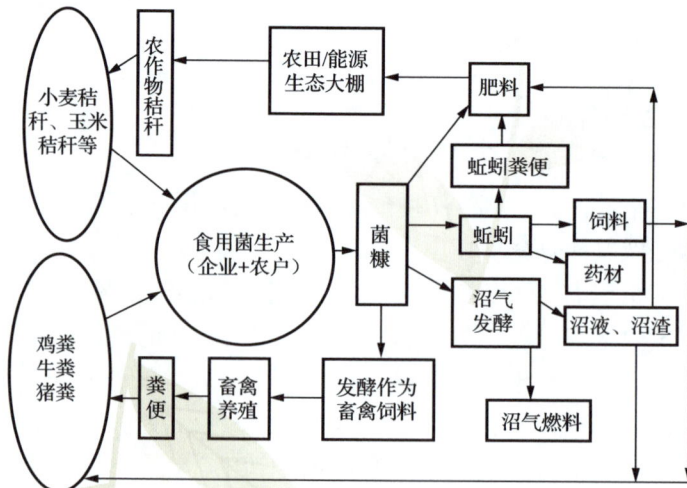

图 4-1　作物—菌物—畜禽生态循环模式

作物—菌物—畜禽生态循环模式中食用菌是联系各生产环节的纽带，通过利用农作物秸秆和畜禽粪便栽培食用菌，将种植业与养殖业紧密联系起来，使废弃物得到高效资源化利用，同时也将食用菌产生的菌糠通过肥料化生产肥料、通过饲料化生产饲料和通过能源化生产沼气，使资源利用效益达到最大化。

该模式从资源节约、高效利用及经济效益提升的角度，通过种植业、养殖业的相互连接和相互作用，确立新生产组织形式及资源利用方式，建立了良性循环的农业生态系统，实现农业高产、优质、高效和可持续发展。

4.3　作物—菌物—沼气—有机肥循环模式

4.3.1　概述

作物—菌物—沼气—有机肥循环模式是将大田作物秸秆、谷物糠麸、棉籽壳和甘蔗渣等作为培养食用菌的原料，使食用菌菌糠进入沼气池发酵，产生沼气，提供能源；发酵后的沼渣可用于制作优质有机肥，沼液可用于调配叶面肥或直接还田（胡清秀和张瑞颖，2013）。

4.3.2　作物—菌物—沼气—有机肥循环模式利用现状

北京市房山区青龙湖镇庙耳岗村是北京市科学技术委员会于 2004 年指定的循环农业试点村，于1997～2007 年建成 $10hm^2$ 的食用菌标准化生产基地，其食用菌产业形成了农林废弃物—菌棒加工—食用菌生产—佛甲草培养基—生物质气化的闭合产业链条。北京市庙耳岗食用菌技术开发中心采取"合作社+基地+农户"的组织方式，带动了当地 3 000 多户农民发展食用菌种植产业。

杭州千岛湖金溢农食用菌专业合作社利用桑枝生产秀珍菇。2010 年建立了沼气综合利用系统，形成桑枝—菌物—沼气—有机肥循环模式（程建明等，2011）。该模式利用桑枝生产食用菌，将废菌棒处理后放入沼气池进行厌氧发酵，将产出的沼气用于菌室保温等生产用能及生活用能，将沼液、沼渣作为肥料用于农业生产。该项工程建成后年处理废菌棒约 180t，年产沼气 7 300m^3、沼渣 80t、沼液 300t，经济效益十分显著。

四川省金堂县大力推进食用菌菌糠循环利用，形成了原料—食用菌—菌糠—气化处理—日常燃气—气化残渣—肥料—原料的循环模式。据测算，如果将该模式产生的菌糠全部以燃料模式利用，可解决当地 70%农户的生活能源问题，直接节约能源开支 5 600 万元。

4.3.3　作物—菌物—沼气—有机肥利用技术及生态循环模式

北京市房山区青龙湖镇庙耳岗村形成了以食用菌产业为主导的废弃物资源利用型循环农业模式（周颖和尹昌斌, 2009）（图4-2）。在生产源头，利用棉籽壳、玉米芯等农林废弃物栽培食用菌；在生产过程中，庙耳岗村食用菌技术开发中心负责生产、加工各种菌棒，并为食用菌栽培户提供技术培训、新品种推广等供销服务；对不能用于食用菌栽培的废菌棒，将其加工成屋顶绿化植物佛甲草的培养基；在生产末端，通过生物质气化将废菌棒及秸秆等生物质材料转化成化学能，用作生活用能，有效解决农民的生活用能问题。该循环模式不仅将各种廉价农林废弃物通过生物作用转化为食用菌，还将废菌棒加工成佛甲草的培养基，生产过程无污染物产生，实现了物质良性循环。另外，采用生物质气化技术彻底解决废菌棒的环境污染问题，最大限度地减少资源消耗和废物排放，最终实现经济发展和环境保护的双赢目标。

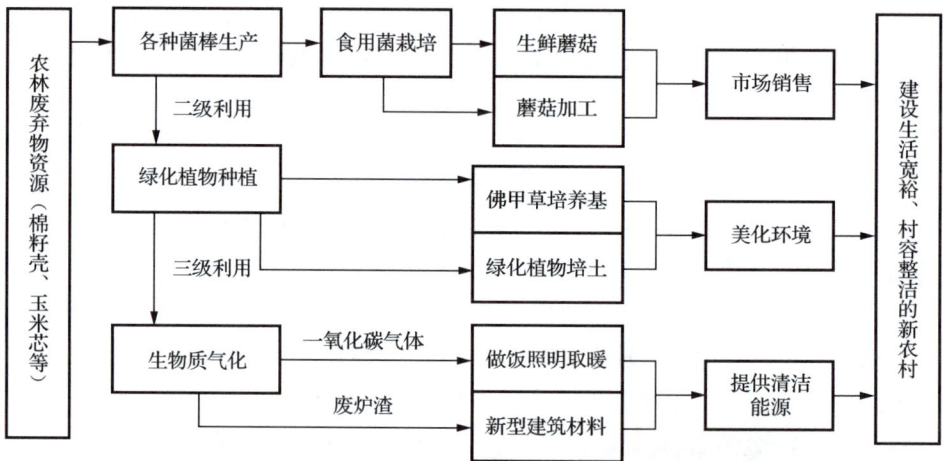

图4-2　庙耳岗村食用菌资源利用型循环农业模式

杭州千岛湖金溢农食用菌专业合作社形成了桑枝—菌物—沼气—有机肥循环模式（图4-3）。该模式建立了沼气综合利用系统，包括80m³曲流布料式沼气池、35m³贮肥间、沼气利用系统（包括9头高效猛火炉的锅炉灶头、6头高效猛火炉的炊事灶头、沼气灶、保温灯）及100m²的原料预处理厂。将5 000kg废菌棒通过粉碎机粉碎，添加9kg沼气复合菌剂（绿秸灵），同时加入75kg碳铵和水，充分拌匀后进行20d左右的堆沤预处理，然后放入沼气池进行发酵。产出的沼气可用于菌室保温、烧锅炉等生产用能及炊事等生活用能，沼液、沼渣可用作农林肥料。该模式可以重新利用食用菌生产的废弃物，实现了废菌棒的资源化利用，既解决了环境污染问题，又发展了循环农业。

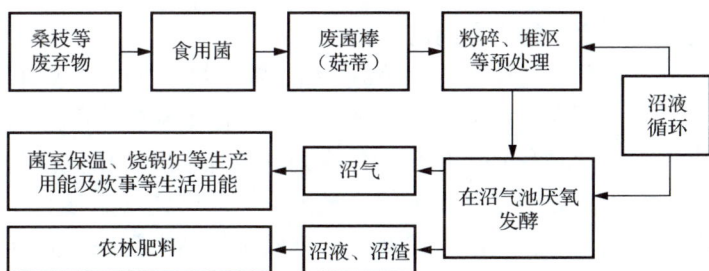

图 4-3　杭州千岛湖金溢农食用菌产业循环模式

四川省金堂县形成了原料—食用菌—菌糠—甲烷燃气+沼渣肥料—原料循环模式（图 4-4）。该模式实现了变害为利、节本增收的目的，形成了农作物种植—食用菌规模栽培—菌糠综合利用的上、中、下游产业良性循环的产业模式，推动了县域食用菌产业的可持续发展。

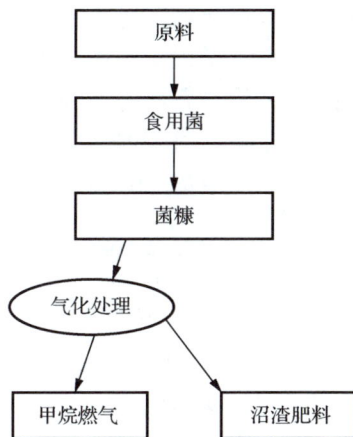

图 4-4　四川省金堂县食用菌产业循环模式

4.4　工农业副产品—昆虫—菌物—作物循环模式

4.4.1　概述

在工农业快速发展的过程中，食品、木材加工等轻工业及农产品加工、农业产业化所产生的有机废弃物数量呈现快速上涨的趋势，我国成为世界最大的有机废弃物生产国。对这些废弃物处理不完善，容易造成生态系统水体、土壤、生物、大气不同尺度的立体交叉污染，尤其在关乎国民经济基础的农业领域。农业生态系统立体污染会加速农产品产地环境退化，引起环境质量建设、食品安全、人体健康、循环经济发展和国家环境外交等方面的问题，这成为新时期我国推进新农村建设乃至生态文明建设的突出问题。

我国每年产生的有机废弃物所含的氮、磷、钾总量在 7 000 万 t 以上，高于每年国产化肥总量，有机废弃物全产业链潜在产值可在 1 500 亿元以上（李龙涛等，2019），如何处理这些"放错地方的资源"成为国内外学者和相关行业关注和探讨的热点问题。工农业废弃物成分复杂、产量大、分散广、收储难，以及有机废弃物利用技术水平相对落后、利用率偏低、处理成本偏高等问题成为有机废弃物资源化利用产业发展的瓶颈。因此，以循环经济为理念，以特色优势产业为主导，以生态工程为手段，促进工农业副产品资源化利用产业整体协同发展，是实现社会可持续发展的有效途径（杨修等，2005）。

昆虫养殖产业和食用菌产业是我国传统的优势产业，也是传统的创汇产业（朱留刚等，2018）。在生态系统中，昆虫和微生物扮演着动、植物分解者的重要角色（胡新军等，2012）。以昆虫养殖、食用菌栽培为纽带，挖掘生产系统内部潜力，链接种植业、养殖业等上游农业及工农业加工等下游产业，形成循环经济产业链，既能解决昆虫饲料和食用菌原料来源紧张、生产成本日益增加等问题，又能改善生态环境，促进工农业副产品的高效、高值循环利用，使"高效、低耗、可持续性"的绿色生产模式得到普及（陈晓鸣，1999），兼具生态、社会、经济及文化价值，产业前景十分广阔（胡清秀和张瑞颖，2013）。

4.4.2　工农业副产品—昆虫—菌物—作物循环模式利用现状

1. 工农业副产品—食用菌—昆虫—作物循环模式

在我国北方地区 10 月前后，以小麦秸秆（58%）为主要栽培原料，辅以稻壳（20%）、木屑（20%）、磷肥（1%）和石膏（1%），林下栽培大球盖菇，次年 3 月采摘，生物学效率可达 6.62%。大球盖菇采摘后剩余的菌糠，经发酵处理可用作白星花金龟幼虫的饲料。白星花金龟产生的粪便经晒干或烘干处理，可作为良好的生物有机肥。此种模式每亩林地可利用小麦秸秆（干重）4～6t，每亩大球盖菇产量（鲜重）为 2.5～4t，每亩菌糠产量（干重）为 1.5～2.5t，以酵化后的菌糠饲养白星花金龟可生产 300～500kg 的虫体和 1.2～2t 的虫粪有机肥（孙晨可，2018）。秸秆—大球盖菇—白星花金龟循环模式如图 4-5 所示。

2. 工农业副产品—昆虫—食用菌循环模式

黄粉虫，俗称面包虫，素有"蛋白质饲料宝库"之称，在食品、保健品、医药和饲料等领域应用广泛。黄粉虫适应能力极强、生长发育快、养殖成本低而使其发展速度仅次于养蚕业、养蜂业（朱琳等，2018）。小麦秸秆、葵花秸秆、红薯藤、棉花秸秆、稻草、废烟梗、大豆落叶与油菜秸秆都可以用来养殖黄粉虫（李涛等，2015）。

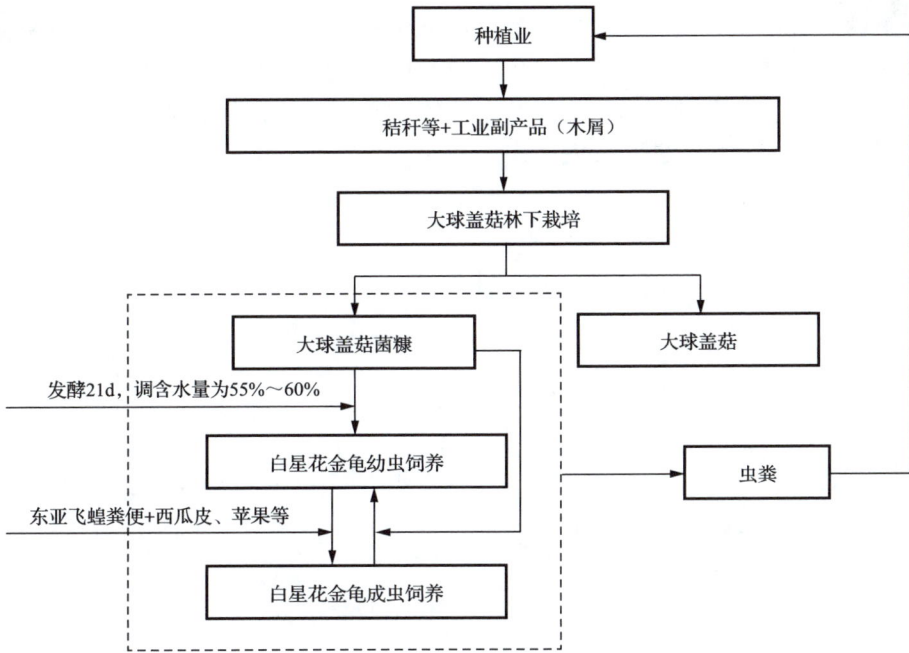

图 4-5　秸秆—大球盖菇—白星花金龟循环模式

　　每 1kg 的黄粉虫鲜虫可生产虫粪 1～1.5kg，虫粪干燥、无异味、颗粒细小，含有丰富的蛋白质和多种微量元素。经研究发现，在平菇、鸡腿菇、秀珍菇的培养料中添加黄粉虫粪，对菌丝生长有明显的促进作用，对子实体有显著的增产作用（陈旭健等，2008）。用黄粉虫粪代替麦麸进行香菇栽培，可缩短香菇生长周期 4～6d，提高生物效率 4%，并降低生产成本。

　　江苏省滨海市东坝镇特种养殖场利用酒糟养殖黄粉虫，每吨湿白酒糟可饲养 40kg 鲜黄粉虫，其方法简单，成本低廉，效益显著。江苏省镇江市丹徒区恒哲生态养殖场利用黄酒糟、黄酒糟与麦麸、碎米与麦麸、中药渣与麦麸、牛粪与麦麸多种配方制作黄粉虫饲料，食用上述饲料的黄粉虫幼虫产量比食用常规饲料时增加 25%，生产成本降低 29% 以上，料虫比由 2.5∶1 降至（2.0～2.2）∶1。重庆市潼南区红英黄粉虫养殖场采用发酵处理的鸡粪 37.78wt%+玉米秸秆粉 26.20wt%+玉米粉 36.02wt% 的组合饲料喂养黄粉虫，既减少了鸡粪对环境的污染，拓宽了鸡粪处理的途径，又降低了黄粉虫的饲料成本，促进了养殖业的良性循环。熊晓莉等（2013）研究发现，铜、锌、铅、镉和锰等重金属并未在黄粉虫体内富集，因此该模式实现了经济效益、生态效益及社会效益的同步提高。

4.4.3　工农业副产品—昆虫—菌物—作物利用技术及生态循环模式

　　工农业副产品—昆虫—菌物—作物生态循环模式是利用工农业副产品（如锯

末、酒渣、甘蔗渣、豆腐渣、中药渣、作物秸秆、菌糠、果皮、废弃蔬菜、废弃木枝、畜禽粪便等）培养白星花金龟、黄粉虫、蜣螂、黑水虻和蝇蛆等昆虫，对昆虫废弃物进行灭菌处理后，作为食用菌的生产原料，将食用菌采摘后的菌糠再用于昆虫养殖的循环方式，如图 4-6 所示。

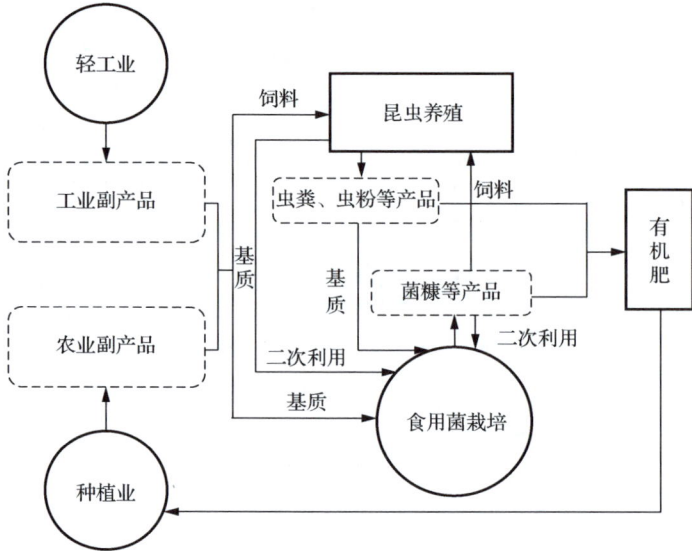

图 4-6　工农业副产品—昆虫—菌物—作物生态循环模式

工农业副产品—昆虫—菌物—作物生态循环模式的关键主要包括以下几个技术环节。

1. 昆虫消纳有机废弃物技术

利用昆虫消纳工农业有机废弃物是建立循环经济产业链的重要发展途径，其通过增加食物链的"生产环"和"增益环"来实现工农业副产品的多级循环利用（彭世良和吴甫成，2001）。昆虫消纳有机废弃物技术大致如下。①秸秆发酵。相比未发酵的秸秆、单一菌种或单一秸秆发酵的秸秆饲料，以由芽孢杆菌、乳酸菌、酵母菌等多种功能性微生物组成的天然复合菌群为特殊发酵剂的秸秆发酵饲料更受欢迎和认可（王永振等，2014）。②饲料配比。用单一的秸秆发酵饲料喂养黄粉虫虽然具有可行性，但会出现虫体增长缓慢的情况，不能满足养殖需要（李宁等，2014）。当黄粉虫饲料中鸡粪添加量超过 55wt% 时，黄粉虫增重急剧下降、死亡率急剧升高（熊晓莉等，2013）。

2. 食用菌栽培基质替代技术

我国是食用菌生产大国，随着人们森林资源保护意识的日益增强，原料来源减少和价格上涨成为影响食用菌产业稳步和持续发展的不利因素。因此，应用工农业副产品生产食用菌栽培基质具有广阔的前景。将昆虫养殖过程中无法完全消纳的酒渣、中药渣、秸秆、粪便和食用菌采摘后的菌糠等作为食用菌生产的栽培基质，不仅符合低碳经济的发展方向，还大大降低了食用菌生产成本，促进农民增收。

3. 虫粪/菌糠肥料化技术

黄粉虫、白星花金龟等昆虫，产生的虫粪量大、易收集，且干燥成型，是生产生物肥料的绝佳原料。将其与沙子、珍珠岩等无机基质进行科学配比，可广泛应用于蔬菜、苗木栽培。研究证明，菌糠除能促进番茄生长外，还能增加番茄维生素 C 和可溶性固形物含量（黄小云等，2019）。菌糠与微生物混合制作微生物—有机复混肥，是一种新的废弃物利用途径，如在发酵后的菌糠中适量添加巨大芽孢杆菌（BM002），可显著增加和促进油菜的产量和根系生长（朱留刚等，2018）。

4.5　畜禽—沼气—菌物—作物循环模式

4.5.1　概述

畜禽—沼气—菌物—作物循环模式是由福建省农业科学院提出的。该模式由生猪养殖、沼气工程、沼液利用和固体废弃物处理 4 个部分组成。对沼渣和猪粪进行固体废弃物处理，用于生产食用菌；利用食用菌菌糠、沼渣、猪粪生产有机肥，用于蔬菜、作物、牧草种植及鱼饲养系统；将牧草作为生猪养殖系统的饲料，完成畜禽—沼气—菌物—作物的闭合循环。

4.5.2　畜禽—沼气—菌物—作物循环模式利用现状

福建省星源农牧科技股份有限公司以生猪养殖为主体，以粪污综合利用为纽带，通过蔬菜、水果、食用菌种植和有机肥生产等建立了区域废弃物产业循环利用模式（翁伯琦等，2013）。该模式解决了猪场日排放粪污 220t 的再利用问题，有效改善了畜牧场环境，显著提高了废弃物综合利用的经济效益、社会效益和生态效益。

永安市八一村茂千畜牧有限公司利用猪粪渣栽培毛木耳，同时实施规模化养猪场沼气、废水综合利用示范项目，将产生的沼气用管网输送到周边农村作为村民生活用能及养殖场内猪仔保温用能。将产生的一部分沼液通过曝气池系统消毒回收，继续用于猪舍的清洗，另一部分通过沼液管道送入农田、林地、鱼塘继续利用，引导当地农户利用沼液发展绿色农业和高效农业，形成良性循环的生态利用模式。

4.5.3　畜禽—沼气—菌物—作物利用技术及生态循环模式

2022 年，福建省星源农牧科技股份有限公司有现代化生猪养殖基地 9 个，年出栏生猪 30 万头；绿色蔬菜基地 3 万多亩，年产绿色蔬菜 20 000t、绿色水果 1 000t、稻谷 10 000t；有机肥生产厂房 20 000 多平方米，并配备现代化生产流水线 1 条，可年产有机肥 50 000t，有机无机复混肥 10 000t。福建省星源农牧科技股份有限公司现代循环农业模式如图 4-7 所示。该模式对规模化养猪场产生的粪便污水进行固液分离，收集猪粪渣作为食用菌栽培原料，对分离后的污水进行厌氧发酵，收集沼气，作为发电和生产生活能源，将厌氧发酵后的沼液作为液体肥料。同时建立有机肥厂，利用鸡粪或菌糠与猪粪联合堆肥生产有机肥，构建现代农牧物质循环利用产业链，解决了猪场粪污排放的问题。

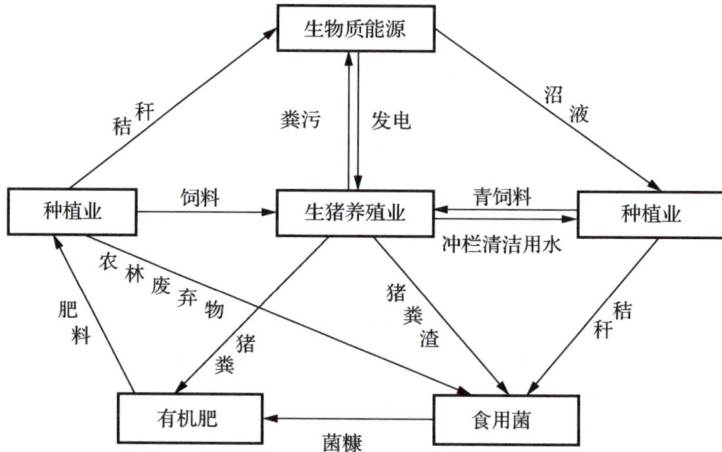

图 4-7　福建省星源农牧科技股份有限公司现代循环农业模式

该模式主要包括五大技术。①固液分离收集处理猪粪工艺技术。以存栏 15 000 头猪为例，在干清粪工艺的基础上，制订了对应的资源化利用方案。安装固液分离机 1 台，建 150m³ 的初沉池 1 座，建 3 000m³ 的厌氧沼气发酵池 1 个，安装 75kW 沼气发电机组 1 套。②猪粪渣栽培食用菌产业化利用技术。以固液分离后的猪粪渣和稻草为原料，研制新配方，优化栽培方式，形成 1 套双孢菇生产技术规程。③沼气发电与沼液循环利用技术。完成沼气专用型发动机的改造，进行沼气发电余热循环再利用，实现年产沼气 30 万 m³、年发电量 30 万 kW·h。同时进行线路优化布局，为养猪场的母猪舍、内部办公楼及食堂等供电，降低生产和生活用电成本，每年可节约 15 万～24 万元的用电开支。另外，合理利用沼液施肥栽培甘蓝等蔬菜，可明显提高其产量。④利用狼尾草消纳沼液及循环利用技术。利用沼液浇灌狼尾草，将狼尾草打浆饲喂生猪。⑤利用农牧废弃物生产有机肥技术。研制以菌糠为原料生产有机肥的工艺流程，提出一套菌糠肥施用技术规程。同时利用猪粪、鸡粪生产有机肥，并建立产业化生产示范基地。

4.6　休闲观光园循环模式

4.6.1　概述

中国休闲农业萌芽于 20 世纪 80 年代，发展时间较短，但随着人类社会进入"休闲时代"，以及中国经济的高速增长，休闲农业的功能由传统意义的观赏风景、采摘果蔬等逐步拓展到涵盖旅游休闲、文化教育、政治、社会、经济、生态环境等多种功能。从 2012 年开始，中国休闲农业发展迅速，从零星分布向集群分布转变，空间布局从城市郊区和周边景区向更多适宜发展的区域拓展，整个产业呈现"井喷式"增长态势。

作为现代农业的一种新型产业形态，休闲农业是一二三产业发展的天然融合体，具有产业链长、涉及面广、内涵丰富等特点，其在农业系统内部通过生态循环建设循环产业链，具有无可比拟的优势。生态是休闲农业发展的基调，休闲农业是绿水青山转化成金山银山的"金扁担"。与农业领域其他业态相比，休闲农业具有主体多样化、产业关联性强、行业覆盖面广等特点，是一种通过土地集中经营、农业生产优质资源组合、科技与制度创新成果综合应用，优化配置资本、管理、技术等因素的新模式，在推进生态文明建设方面具有不可替代的地位和作用。同时，休闲农业也是一种新型消费业态，拥有稳定且庞大的多行业、多年龄层的消费群体，因此休闲农业具有更强的引领性作用和更好的示范推广效果（杨荣荣，2014）。

我国素有"食用菌大国"的美誉，拥有得天独厚的食用菌资源。我国食用菌产业以秸秆、木屑、畜禽粪便等为主要原料，既能进行废物利用，提高废弃物价值，又可以减少因废弃物处理不当而造成的环境污染。此外，食用菌产业的副产物菌糠还能作为优质生物有机肥料重新回到农业生产循环的起点（张国庆和王贺祥，2011）。以食用菌栽培为链条，对休闲观光园生产系统内部所产生的废弃物进行资源化利用，可直接降低休闲观光园的生产成本，省去废弃物的处理过程，对建设资源节约型、环境友好型的绿色、可持续发展的休闲农业具有重要的意义。

4.6.2　休闲观光园循环模式利用现状

目前，我国食用菌产业与休闲农业的融合主要集中在两个领域：一是主题参观活动，通过游客参观增加食用菌产业的附加值；二是以农家乐的形式开展休闲农业活动，使游客获得与食用菌相关的自然生态体验，延伸食用菌价值链、产业链和效益链。目前比较成功的食用菌主题+休闲农业的项目主要集中在食用菌资源富饶的地区（王军和龙华，2019；陆嵬喆，2019），比较有代表性的开发项目如表4-1所示。

表4-1　食用菌主题+休闲农业代表性开发项目

项目名称	地区	景区级别	特色
古田蘑菇部落生态旅游区	福建宁德市	AAA	蘑菇主题，集生态休闲、游览观光、科普教育、乐活养生等综合功能于一体，开设有菌类文化体验馆、食用菌栽培与采摘、食用菌小吃广场、食用菌主题商店和乡村民宿等休闲娱乐项目
张家窝食用菌休闲园	天津西青区	AAA	采用循环农业生产模式栽培双孢菇、鹿角菇、灵芝等高附加值食用菌，其食用菌文化展示馆有蘑菇史话、蘑菇家族、蘑菇栽培和蘑菇文化4个主题，记录了从认识蘑菇，到人工栽培、工厂化生产，再到形成产业化的历程，集知识性和科学性于一体
尤溪洋中食用菌主题观光园	福建洋中镇		占地400亩，分为食用菌生产区、食用菌科普展示区、密林套种区、疏林生态菇园区、休闲娱乐区等，主营食用菌多功能开发和休闲产业培育，凸显食用菌文化
黄松甸食用菌农业生态园	吉林蛟河市		园区面积12hm^2，主要经营食用菌生产加工流程展示、食用菌生产实物观摩、食用菌采摘、食用菌特色家宴品尝、地产食用菌购买等项目。2012年，该生态园黑木耳栽培技艺被列入吉林市非物质文化遗产名录，同年，该生态园被评为吉林省银穗级农业生态休闲观光园
宝山生态林蘑菇观光采摘园	北京海淀区		以保护生态为核心，突破传统农业生产方式，充分利用生态林空间及林地资源，以设施农业为基础，一年四季栽培平菇、香菇、金针菇、榆黄蘑等绿色食用菌，致力于恢复林地生物多样性，集采摘、休闲、旅游于一体
岷江现代农业示范园区	四川眉山市		食用菌科普馆面积1 000m^2，食用菌采摘体验馆面积5 000m^2
九龙"菌博园"主题农庄	河南陕州区		项目总用地3 000亩，果树面积1 000亩，休闲游乐区面积500亩，菌类种区面积1 500亩（产业孵化区），主要栽培羊肚菌、黑木耳、猴头菇、玉木耳等珍稀菌类；通过果菌套种，油葵、羊肚菌轮作，可实现果菌互补、循环利用，即用果树剪枝栽培菌类，将菌类废弃物作为肥料还田果园，实现无污染、无排放、良性循环的生产模式
菌子山休闲度假旅游区	云南师宗县		天然菌子园——菌子山的野生菌味美可口，有香菇、木耳、老人头菌、牛肝菌、奶浆菌等；拾菌子是该旅游区一大旅游活动，游客不仅可以体验采蘑菇的乐趣，还可以品尝菌子全席的美味

续表

项目名称	地区	景区级别	特色
西部菌博园	四川成都市		以"延伸产业链条，打造百亿园区""农业产业化，产业旅游化"为目标，集食用菌科研、制种、栽培、加工、物流、销售等于一体，并辅以食用菌文化展示、食用菌特色餐饮、会议会展、科研培训、观光旅游、科普教育基地等配套功能
西洋河川食用菌现代产业园	河北张家口市		建设栽植示范区、生产制棒区、科研办公区、新品种实验区、珍稀菇栽培区、冷贮烘干区、香菇粉加工区、有机肥加工区等，构建多级循环利用模式。走"农业+旅游"路线，建设旅游观光采摘区、小蘑菇游乐场、文化广场等休闲娱乐场地，多方位发展特色产业

食用菌与自然生态相得益彰，包含食用菌元素的休闲观光园与生态有着千丝万缕的关系。目前，食用菌元素与休闲农业的融合，多从食用菌栽培技术、食用菌生产、食用菌文化、食用菌产业等主题切入，围绕食用菌、自然生态、社会与人和谐发展，拓展食用菌产业链，吸收休闲农业产业要素，促进产业特色化发展。食用菌+休闲农业融合路径如图4-8所示。目前以食用菌栽培为纽带的工农业副产品多级循环利用技术已较为成熟，在各地得到广泛应用，并取得良好的效果，但在非食用菌主体产业的休闲观光园中尚不多见。

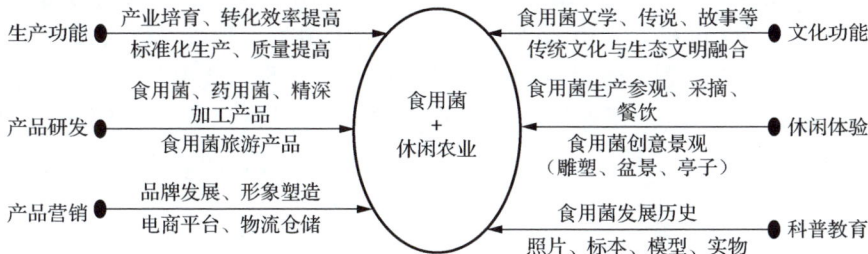

图 4-8　食用菌+休闲农业融合路径

4.6.3　休闲观光园利用技术及生态循环模式

以食用菌产业为主题，或者以食用菌栽培为链条，在循环经济原理指导下，依照农业产业化的本质特征，即产销一体化、农工商综合发展，在保障第一产业（食用菌生产或其他产品生产）高产、优质、安全的同时，以食用菌为纽带，应用茶（果）—菌—肥、农—牧—菌—肥等成熟的生态循环模式（图4-9），实现工农业副产品（废弃物）多级循环利用，通过内部物质的良性循环，延伸农业产业链，提高产业间的转化效率，发展第二产业（加工业）和第三产业（商业和旅游业），建立新型的农业循环经济经营模式，促进农业从资源损耗型向资源节约型、环境友好型转变，为农业增产、增收开辟新的道路。

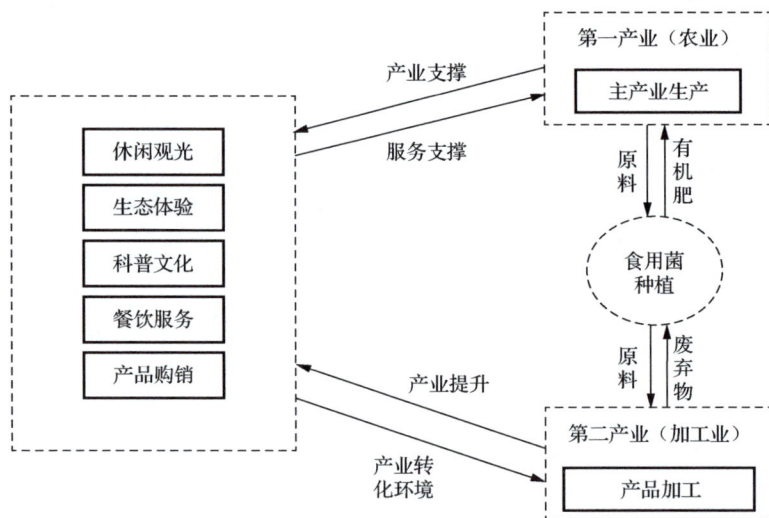

图 4-9　食用菌+休闲农业生态循环模式

4.7　生态菌物的人工栽培

食用菌对农业生态循环具有重要意义，在未来粮食安全中也占据重要的战略地位，因此我国高度重视食用菌产业的发展。食用菌不仅是我国助农致富的抓手，也是"一带一路"共建中最具中国特色的产业之一。我国食用菌企业"走出去"，一方面可扩大贸易渠道，增加盈利点，摆脱当前产能过剩和低价竞争带来的束缚；另一方面可开阔视野，利用国外的土地、人力、原料等资源优势发展实业，在当地及周边市场销售，有利于企业在国际竞争中占据主动。

2008～2019 年，我国食用菌工厂的数量呈先增加后减少的趋势。截至 2019 年12 月，我国食用菌工厂有 400 家，比 2012 年减少 388 家，但食用菌工厂化生产的产量一直在增加。2019 年全国食用菌工厂化生产的总产量为 344.09 万 t，较2015 年增加了 160.15 万 t，增幅为 87.07%。福建、江苏、山东、浙江、上海等沿海经济发达地区 2016 年食用菌工厂数量占全国食用菌工厂数量的 66%，是食用菌产业的高聚集区。

全球食用菌工厂化生产品种主要有金针菇、杏鲍菇等木腐菌类，以及双孢菇等草腐菌类。其中，双孢菇是欧美国家工厂化生产的主要品种，而金针菇、杏鲍菇在亚洲国家占主导地位。2017 年，我国食用菌工厂化企业每日产鲜菇 10 000t，包括金针菇 4 500t，杏鲍菇 3 500t，斑玉蕈（海鲜菇、白玉菇、蟹味菇）1 000t，双孢菇、绣球菌、猴头菇等 1 000t。我国食用菌工厂化生产的产能已稳居全球第一。我国食用菌产业经过十几年发展，逐步实现了工厂化、机械化、自动化生产，目前已拥有日臻成熟的生产技术、自主研发的菌种及一批具有国际领先水准的机械装备。

人才、技术、设备等优势资源使我国食用菌企业在国际舞台占据主动地位，处于产业链相对高点。不少周边国家乃至欧洲国家的企业主动寻求与我国食用菌企业洽谈、合作和贸易。

4.7.1　生态菌物的栽培基质

近年来，随着工业化和城市化的发展，以及退耕还林、退耕还草、退耕还湖等生态工程的建设，耕地资源有所减少（卢敏和李玉，2005），但餐桌上见到的菌类品种却日渐丰富。菌类作物生长速度快、生物学效率高，其生产蛋白质的能力远远超过大多数高等植物。食用菌作为一种健康食物，不但营养丰富、味道鲜美，而且大部分具有较好的药用价值和保健功能。国外市场对食用菌的需求量大，国内市场对食用菌的营养和健康价值越来越重视，这些为食用菌产业的持续稳定发展提供了坚实的支撑。每年我国动植物在生产过程中会产生约 30 亿 t 的废弃物，只要将其中的 5% 用于食用菌生产，即 1.5 亿 t，就可以生产至少 1 000 万 t 的干食用菌；如果按照干食用菌含有 30%～40% 的蛋白质计算，则相当于增加 300 万～400 万 t 蛋白质；而这些增加的蛋白质相当于 600 万～800 万 t 瘦肉或 900 万～1 200 万 t 鸡蛋或 3 600 万～4 800 万 t 牛奶的蛋白质含量。同时，食用菌能够平衡膳食结构，提高维生素、膳食纤维、氨基酸供给量。2009 年 4 月 8 日，为了确保粮食安全，国务院常务会议讨论并通过《全国新增 1 000 亿斤粮食生产能力规划（2009—2020 年）》。这意味着年均增加 600 亿 kg 秸秆，即秸秆总量达 7 600 亿 kg。这些秸秆除满足生活燃料需要（约 40%）、发展养殖（约 30%）外，剩余的约 30%（约 2 280 亿 kg）可用于食用菌生产，按照 50% 的生物学转化率计算，可生产食用菌 1 140 亿 kg，能够在国家食品安全体系中发挥重要作用。

生态循环经济是一种最大限度地利用资源和保护环境的经济发展模式（卢敏和李玉，2012）。传统农业产业模式由作物生产与动物生产二维生产要素构成，这是一种极不平衡的、消耗性的、不可持续的产业发展模式（李玉，2008）。在二维生产要素中引入食用菌生产，就形成了由作物生产+动物生产+食用菌生产三维生产要素构成的农业循环经济，这一体系不仅加速了自然界的物质循环、能量循环，还有利于动植物生产的副产物资源化，推进节能减排，保护生态环境（卢敏和李玉，2012）。例如，将动植物生产的副产物作为食用菌栽培基质，使其进入一个新的生产体系中，可实现生态经济发展目标，降低其对生态环境的负面影响；否则，将造成严重的环境污染，危害人体健康。

食用菌工厂化生产的栽培原料主要是棉籽壳、玉米芯、甘蔗渣、米糠、麦麸等多种农作物废弃物。食用菌采摘后，其栽培基质又可作为绿色有机肥还田，实现资源的有效循环利用。食用菌生产是对农业废弃物的综合利用，有利于保护环境、节约资源、增加收入，促进三产融合，产业特色鲜明，可实现现代农业的可持续发展。

4.7.2　生态菌物的栽培方式

食用菌菌种按照使用目的可分为生产用菌种和保藏用菌种；按照生产繁殖程序可分为母种、原种和栽培种 3 个级别。

母种是指通过孢子分离、组织分离或基质菌丝分离并经纯化培养获得的菌丝体及其基质，其标准容器为 180mm×18mm 的试管，因此又称为试管种或一级种。它既适用于试管斜面移植，再次扩大繁殖，供生产使用，又适用于纯种保藏。

原种是由母种扩大培养而形成的菌种，有麦粒种、谷粒种及木屑种，以木屑种为主，常以透明的玻璃瓶或塑料瓶为容器，又称为二级种。

栽培种是通过将二级种转接到袋内培养料中，直接作为栽培基质种源的菌种，也称为三级种。栽培种只能用于栽培，不可再次扩大繁殖成菌种。

1. 母种的制作

1）常用的母种培养基配方

（1）PDA 培养基。马铃薯 200g，葡萄糖 20g，琼脂 18～20g，pH 自然。在保藏用的培养基中可以用蔗糖取代葡萄糖，即马铃薯蔗糖琼脂（potato saccharose agar，PSA）培养基。在 PSA 基础上添加磷酸二氢钾 3g，无水硫酸镁 1.5g，维生素 B_1 10mg，即为马铃薯综合培养基。该培养基广泛适用于分离、培养和保藏多种食用菌母种。

（2）马铃薯棉籽壳综合培养基。马铃薯 100g，棉籽壳 100g，麦麸 50g，玉米粉 20g，琼脂 20g，葡萄糖 20g，蛋白胨 2～5g，磷酸二氢钾 3g，无水硫酸镁 1.5g，维生素 B_1 10mg，pH 自然。该培养基广泛适用于培养和保藏多种食用菌母种。

（3）玉米粉蔗糖培养基。玉米粉 40g，蔗糖 10g，琼脂 18～20g。该培养基适用于培养多种食用菌菌种，特别适用于香菇、金针菇菌丝的生长。

（4）稻草浸汁培养基。稻草 200g（切碎煮汁），蔗糖 20g，硫酸铵 3g，琼脂 20g，pH 7.2～7.4。该培养基适用于草菇菌种的制备。

2）母种的纯化和鉴定

收集性状优良的食用菌子实体、基质和孢子，通过组织分离、基内菌丝分离和孢子分离等多种方法获得纯培养物。

根据经典的形态学特征和分子生物学方法鉴定母种，以红平菇为例。在 25℃ PDA 培养基培养红平菇 10d，此时菌落平展，初呈絮状，后呈粉状，正面呈白色至浅黄色，背面呈浅黄色，直径 5～6cm。在显微镜下观察菌落，可见红平菇菌丝无色、分枝、具隔膜，宽 1.2～2.5μm。分生孢子梗多分枝，宽 3.0～5.5μm，由每轮 2～5 个产孢细胞组成轮状分枝。产孢细胞呈瓶形，基部球状膨大，向上变细窄，大小为（4.5～6.5）μm×（2.5～3.5）μm。分生孢子呈圆柱形，单细胞，无色，光滑，连生，直或弯曲，大小为［6.5～（8.8～11.0）］μm×（2.5～3.5）μm，可形成肾型或拟椭圆形的暗色厚垣孢子。

根据 rDNA-ITS 序列分析快速鉴定。将菌种在 PSA 培养基中摇瓶培养 3d（140r/min，24℃），过滤收集菌丝体，加液氮研磨破碎，以改良 CTAB（hexadecyl trimethyl ammonium bromide，十六烷基三甲基溴化铵）法提取菌种的总 DNA；以总 DNA 为模板，扩增红平菇 ITSl-5.8S-ITS2 rDNA 区域；聚合酶链反应（polymerase chain reaction，PCR）结束后，将凝胶电泳产物用凝胶回收试剂盒纯化回收；用测序仪测序，将所得序列与 GenBank 数据库中的红平菇 ITS 序列进行比对。如果比对结果同源性达 99%以上，则可以认定形态鉴定的结果，即该菌种被鉴定为红平菇。

2. 原种和栽培种的制作

1）原种培养基的配制及转接

（1）麦粒培养基。小麦（大麦、燕麦）98%，石膏粉（碳酸钙）2%，pH 6.5～7.0；或各种谷粒（小麦、大麦、燕麦、高粱粒、玉米粒等）97%，碳酸钙 2%，石膏粉 1%，pH 6.5～7.0。该培养基适用于除银耳外的大多数食用菌原种的生产，尤其适用于双孢菇原种的生产。

（2）麦粒谷壳粪粉培养基。麦粒（干）86%，谷壳 7%，发酵的干粪粉 5%，碳酸钙（石膏粉）2%。该培养基适用于草菇、双孢菇、侧耳类食用菌原种的生产。

（3）稻谷粒培养基。稻谷粒 50%，棉籽壳 40%，麦麸 8%，石膏粉 2%。该培养基适用于大多数食用菌菌丝的生长。

选择无污染的优质母种，将其试管外壁消毒后放入接种箱或接种室；点燃酒精灯，取下试管口的棉塞（瓶盖）后，将试管口在火焰上烧一下，然后用经火焰灭菌并冷却的接种钩将母种斜面分成 4～6 份，将其固定在接种架上，注意管口要始终在酒精灯火焰形成的无菌区内（管口离火焰 1～2cm）。用左手持接种瓶，用右手取下菌种瓶的棉塞（瓶盖）后，将瓶口在火焰上烧一下，用经火焰灭菌并冷却的接种钩取一份母种迅速地放入接种瓶的接种穴处，将棉塞（瓶盖）过火后塞住菌种瓶口，包纸。接种时可以两人合作，一人拿菌种瓶，负责开瓶盖或取棉塞，另一人拿试管和接种钩，负责切块和接种。每支母种可扩接原种 4～6 瓶，接种后，贴标签。

2）栽培种的配制及转接

栽培种常以透明的玻璃瓶、塑料瓶或塑料袋为容器。栽培种的制作过程参照原种制作过程。

原种和栽培种需要在培养室进行培养。要求培养室清洁卫生，通风良好，并配备调温设备（否则只能在适温季节操作）；在培养室内设置培养床架，以便于检查杂菌和提高空间利用率；应根据生产规模来确定培养室的大小和床架数量；培养床架的规格一般为架高 2m 左右，设 5～7 层，层距 30～40cm，架宽 50～70cm，长度视房间大小而定。

原种瓶和栽培种瓶在培养过程中要合理摆放，在培养初期应竖放，以利于菌种萌发定植；待菌丝封住料面，开始向下生长时，应倒架，改为横卧叠放，这样可减少积尘和污染，并能提高空间利用率。在培养期间，要定期转动菌种瓶，以维持瓶内水分上下一致，这有利于菌丝的均匀生长。

在培养期间，适宜的温度最重要，尤其是当菌种瓶堆叠时，一定要注意堆内温度。因为菌丝旺盛生长时，会产生一定的热量，往往使堆内温度高出室温 2℃左右。当发现堆内温度高时，要进行通风并倒堆散热，同时调整菌种瓶的位置，以保证菌种生长的一致性。应将空气相对湿度保持在 60% 左右，要避光并保持空气新鲜。定期检查杂菌发生情况，从培养 3～5d 开始每天检查一次，当菌丝封住料面并向下生长 1～2cm 时，可改为每周检查一次。发现有污染的菌种瓶要立即清理，并隔离污染源。

麦粒菌种长速快，一般在室温下经 15～20d 菌丝封住料面。同时，麦粒菌种老化也快，因此一般在麦粒菌种菌丝长满后 7～8d 使用较好，以免其老化和后期被污染。如果长满的原种暂时不用或用不完，则可置于低温、干燥、清洁、避光的保藏室短期保存，勿使菌种老化。在 10℃ 以下的环境中，原种保藏时间不超过 3 个月，栽培种保藏时间不超过 2 个月。

3）常规栽培技术

食用菌在不同的生长时期，根据实际生产需求，衍生出不同的栽培技术。根据栽培基质的不同，食用菌栽培技术分为段木栽培和代料栽培，按照栽培模式可分为袋（瓶）式栽培和畦式栽培。

（1）段木栽培。段木栽培是早期的食用菌栽培技术，常见于香菇等降解木质素能力较强的食用菌的生产。这种栽培技术以树木枝干作为栽培基质，耗费木材严重。随着人们环保意识的增强，这种方法已很少在食用菌生产中使用。

（2）代料栽培。代料栽培以各种农副产品（如木屑、蔗渣、棉籽壳）为主要原料，添加一定量的麦麸、米糠等辅料，配制成栽培基质以代替传统的段木栽培。代料栽培的原料来源充足、方法简便、成本低、收益快，是一种很有发展前途的栽培技术。

（3）袋（瓶）式栽培。袋（瓶）式栽培是我国目前应用最普遍的食用菌栽培技术，是将不同规格的聚乙烯或者聚丙烯袋（瓶）作为容器，装入栽培基质，进行发菌和出菇的栽培技术。

（4）畦式栽培。畦式栽培是一种食用菌覆土栽培技术，常见于羊肚菌、大球盖菇、草菇、灵芝等的栽培。畦式栽培的一般流程为：先整地做畦，留出人行道和水渠，然后铺撒栽培基质和菌种，或者直接埋入菌棒，最后覆土。对生料栽培菌种，其栽培基质不须灭菌，直接将发酵、预湿好的栽培基质拌匀，铺撒在田地，即可播种覆土；对熟料栽培菌种，应等菌丝发满成熟后，脱去菌袋埋入土中，等待出菇。

4.7.3　生态菌物发菌条件的管理

1. 段木栽培

段木栽培在 20 世纪 80 年代常见于香菇栽培。先把适合香菇生长的树木砍伐，将枝、干截成段，进行人工接种，然后在适宜香菇生长的场地，集中进行人工科学管理。下面以香菇段木栽培为例进行说明。

1）菇木的准备

适用于香菇栽培的树种很多，主要为壳斗科、桦木科和金缕梅科等树种，常见的有桦树、椴树、栗树、柞树、槲树、胡桃楸、千金榆、赤杨等。香菇生产多采用树龄 15～30 年的树木。树龄小于 10 年的树木树皮薄、材质松软，虽然出菇早，但菇木容易腐烂，生产茬次少，并且子实体又小又薄。老龄树木则不同，虽然出菇较晚，但菇木耐久性强，可生产大量优质香菇。老龄树木的树干直径较大，管理不便，因此，段木栽培常采用直径为 5～20cm 的树干或树枝。

伐树期应选在深秋和冬季，这时树内营养物质丰富，树皮不易剥落。将砍伐后的树木放在原地数日，待树木丧失部分水分、多数细胞死亡后，方可剃枝，并运至菇场。树皮能够对菌丝起保护作用，因此在砍伐、搬运过程中，必须保持树皮完整、无损、不脱落，否则菌丝很难定植，也很难形成子实体原基和菇蕾。

将菇木截成长短一致的木段，以 1m 左右为宜，便于堆放和架立操作。

2）菇场的选择

应将菇场选在树木资源丰富、便于运输管理、通风向阳、排水良好、有水源的场所。最好将菇场设在稀疏阔叶林下，或人造遮阳棚下，或折射阳光能透进的地方。若日照过多，则菇木易干燥脱皮；若黑暗少光，则不利于香菇出菇。菇场常年空气相对湿度应维持在 70% 左右。菇场的土质应为石砾多的沙质土，这样可减少灰尘、虫卵和杂菌孢子的累积，使菇木不易染病、生虫。

3）接种

（1）接种时间。气温 5～20℃ 时，结合菌种生物学特性，可在备好的菇木上接种。最佳接种温度为 15℃，温度偏低时发菌慢，杂菌生长也慢，污染率降低。

（2）接种方法。在菇木上打孔，孔深 1.5~2cm，孔径 1.5cm，接种孔的行距为 6~7cm，穴距为 10cm，呈"品"字形排列。挖取木屑菌种，填入接种孔内，用树皮盖在接种孔上，用锤子轻轻敲平。也可以用玉米芯做封盖，将玉米芯用锤子敲成 4 瓣，拿其中一瓣用锤子逐个敲入接种孔。

4）上堆发菌

发菌也称养菌，是将接种后的菇木按一定的形式堆放在一起，使菌丝迅速定植，并在适宜的温度、空气相对湿度条件下向菇木内蔓延生长的过程。菇木的堆放要因地制宜，一般有以下几种方法。

（1）"井"字形。适用于地势平坦、空气相对湿度高的场地，应保持菇木充足的含水量。首先在地面垫上枕木，将接种好的菇木以"井"字形堆成约 1m 高的小堆，然后在上面和四周盖上树枝或茅草，用来防晒、保温、保湿。

（2）横堆式。若菇场空气相对湿度、通风等条件适中，则可采用横堆式。堆放菇木时先横放枕木，再在枕木上按同一方向堆放菇木，堆高 1m 左右，在堆上面或阳面覆盖茅草。

（3）覆瓦式。适用于较干燥的菇场。先在地面上横放一根较粗的枕木，在枕木上斜向纵放 4~6 根菇木，再在菇木上横放一根枕木，再斜向纵放 4~6 根菇木，以此类推，呈阶梯形依次堆放。

除上述 3 种堆放方法外，还有牌坊式、立木式和三角形堆放方法，各菇场可根据实际情况灵活选用。

5）发菌管理

（1）遮荫控温。堆垛初期，垛顶和四周要盖有枝叶或茅草。在气温低时垛上可覆盖一层塑料薄膜保温；堆内温度超过 20℃时，应将薄膜去掉。进入高温天气后，最好采用搭凉棚遮阳，这样有利于堆垛通风散热。

（2）喷水调湿。在高温季节，菇木的含水量会因蒸发而减少。当菇木含水量低至 35%、切面出现相连的裂缝时，一定要补水。应在早晚天气凉爽时对菇木进行补水。补水后要及时加强通风，切忌湿闷，否则易导致菇木发黑腐烂。

（3）翻堆。菇木所处的位置不同，温湿条件不同，发菌效果也会不同。为保证菇木发菌一致，必须定期翻堆。翻堆就是将菇木上下、左右、内外调换位置，一般每隔 20d 进行 1 次。勤翻堆也可加强通风换气，抑制杂菌污染。翻堆时切忌损伤菇木树皮。

2. 代料栽培

由于段木栽培耗费木材，且树木的生长周期较长，再生困难，人们采用木屑、秸秆、棉籽壳、玉米芯等材料替代段木，其中添加麦麸、豆粕等物质补充氮源，既能消耗农业废弃物，又能满足食用菌生产的营养需求。

代料栽培与段木栽培差别较大。配制栽培基质时，需要综合考虑各原料的营养成分，设计添加比例。代料栽培需要将栽培基质装入塑料袋等容器中，灭菌后才能接种。代料栽培的发菌、出菇等工作与段木栽培相似，应根据食用菌品种调整温度、湿度等。

1）拌料、装料

按计划生产数量和配方中各原料的比例准确称取原料，按照先主料、后辅料的原则顺序投料。利用搅拌机进行两次搅拌。一次搅拌时投料后先不加水，此时原料黏度低、分散性好、容易搅拌均匀，搅拌时间一般为 10～15min；二次搅拌是在一次搅拌结束后，向培养料中加水直至达到所要求的含水量，边加水边搅拌，搅拌时间为 30～60min。根据木屑种类和颗粒度，基质含水量为 50%～58%，以灭菌后菌包不积水为宜。采用半自动装袋机或全自动装袋机装袋，菌袋直径主要有 15cm、16cm、17cm、18cm 等规格，菌袋长度一般为 55～60cm。

2）灭菌

采用高压蒸汽灭菌，灭菌温度为 112～119℃，保持 330min 以上。

3）冷却、接种

待菌包温度下降至 25℃以下时，采用接种机或人工进行接种。接种前对接种机、传送带、操作人员双手、固体菌种袋外或液体菌种接种管道进行全面消毒。

4）发菌

培养室温度一般控制在 21～24℃，菌棒中心温度不超过 26℃，CO_2 浓度控制在 0.35%以下。菌袋接种后 15d 内，避光培养，培养室温度控制在 22～24℃，促使菌丝萌发；培养 13～15d 后，菌丝进入快速生长阶段，菌棒发热量增加，此时应注意通风，保持培养室温度在 21～22℃。从刺孔完成至成熟阶段，二次增氧后，须提供光照促进香菇转色，光照强度为 50～200lx，每天光照时间不少于 12h。

3. 袋（瓶）式栽培

下面以金针菇袋（瓶）式栽培为例进行说明。

1）拌料、装料

金针菇栽培基质配方：①棉籽壳 89%，麦麸 10%，石膏或碳酸钙 1%，料与水的比例是（1:1.4）～（1:1.5），搅拌后达到手握成团、手松散开状态；②玉米芯 73%，麦麸 25%，石膏 1%，蔗糖 1%，料与水的比例是（1:1.4）～（1:1.5）。

选用耐高温高压的聚丙烯塑料袋或低压聚乙烯塑料袋，规格为 170mm×350mm。装入袋（瓶）内的栽培基质（干料）一般为 300～500g。装好栽培基质后两端扎口。

2）灭菌

常压 100℃灭菌 8～10h，高压 121℃灭菌 90min，冷却至室温后接种。

3）接种

接种时点燃酒精灯。在点燃酒精灯的无菌区内，用灭过菌的镊子将原种或栽培种弄碎，打开菌袋（瓶）两头的扎口，分别接入原种或栽培种，接种完毕把袋（瓶）口扎住。全部过程要在无菌条件下操作。

4）发菌

传统栽培方式中，发菌过程是在地沟菇房或半地下式菇房内进行。在农村，利用房前屋后空地，选择地势高、向阳、地下水位较低的地方挖沟建菇房。沟宽 4m、深 2m，顶棚覆盖塑料膜和作物秸秆，中间设人行道，四周设通风口，以便通风、透光和调节空气相对湿度。地沟内放三排床架，床架宽 40cm、高 2m。床架用竹竿铺设 5 层，层间距离为 40cm，每层可横向堆放 4 层菌袋（瓶）。使用前，床架要进行消毒处理。地沟菇房以土做墙壁，土是热的不良导体，有利于保持菇房恒温，土还是水的优良载体，有利于菇房保持空气相对湿度。地沟菇房较暗，有利于菌丝生长。

菌丝生长的适宜温度为 23～25℃。通常栽培基质温度比室温高 2℃左右。培养室的温度不能低于 20℃，空气相对湿度保持在 60%左右，湿度太大易滋生杂菌。每天定时通风，有利于菌丝生长。接种初期，菌丝生长量少，呼吸量也少，菌袋（瓶）内氧气可满足菌丝生长需要。当菌袋（瓶）菌丝增多、长到 5cm 左右时，其代谢活动增强，需氧量增加，须松开菌袋（瓶）两头的扎口，增加通气，促进菌丝生长。为了促使发菌均匀，每隔 10d 应将床架上下层和里外的菌袋（瓶）调换一次位置，菌丝长满菌袋（瓶）时，要敞开袋口，以利出菇。培养 30d 左右，菌丝长满菌袋（瓶）即可出菇。

4. 畦式栽培

畦式栽培是一种食用菌覆土栽培技术，下面以灵芝畦式栽培为例进行说明。

1）准备段木

可以栽培灵芝的树木，称为"芝树"或者"芝木"。通常，将砍伐后的芝树称为"原木"，原木剃枝截段后称为"段木"。

根据当地资源情况选择芝树，主要选择硬质阔叶树。用槠类等材质较硬树种的段木栽培灵芝，菌丝生长较慢、出芝较迟，但菌盖厚，品质好；用栎类、栲类、榉类树木的段木栽培灵芝，菌丝生长速度快，子实体及其孢子粉产量高、色泽好，菌盖较厚；用枫树、杜英类材质的段木栽培灵芝，菌丝生长较快，菌盖较轻薄，易出芝，当年产量高。芝树可以在灵芝栽培前 15d 左右或"三九"时节采伐，在接种前 7d 左右截段。

2）段木规格及数量

熟料栽培灵芝的段木长度一般为 12～15cm。1m³ 空间大约可堆放直径 10cm 的短段木 450 段，或直径 12cm 的短段木 300 段，或直径 14cm 的短段木 220 段，或直径 16cm 的短段木 170 段。

3）制备菌棒

（1）扎捆、装袋。将原木树干、枝丫等截成 12～15cm 长的小段。削平段木周围棱角。用塑料绳将长短一致的小段木捆成稍小于塑料袋的段木捆，扎紧。段木捆的两端要保持平整，并剔除段木捆四周枝杈，以免刺破塑料袋。选用 22cm×65cm×0.008cm（8 丝）、30cm×70cm×0.008cm（8 丝）或者 35cm× 85cm×0.008cm（8 丝）的低压聚乙烯塑料袋进行装袋，两头用活结扎紧或用套环套口。

（2）灭菌。对袋装短段木采用常压灭菌，100℃灭菌48h。灭菌过程中，要注意灭菌锅炉的实际温度，防死角，防断水。如果采用高温灭菌方式，则在 103.4kPa（1.05kg/cm²）、121℃条件下灭菌 2h 即可。灭菌结束后，将菌袋小心运至无菌室或接种室，等温度降至 30℃以下时，即可接种。

（3）接种。选择密封性好、干燥、清洁、墙壁与地面光洁的房间作为冷却室或者接种室，每立方米空间用烟雾消毒剂（二氯异氰尿酸钠）4g，消毒过夜；在各项接种准备工作完成后、接种前 4h 进行第二次消毒，每立方米空间用烟雾消毒剂 4g，消毒过夜。

选择菌丝洁白、健壮浓密、无杂菌污染、无褐色菌膜、生长旺盛的灵芝菌种，菌龄不要超过 40d。每袋栽培种（2kg）接 5 袋（1∶5），在两端袋口的段木表面均匀地撒满菌种。接种动作要迅速，一人解袋，一人接种，一人系袋，一人运袋，多人密切配合，形成流水线。菌种应尽量铺平布满段木切面。

（4）培养。接种后，将菌棒放在通风干燥的培养室内避光培养。养菌期间，可以立体墙式排列菌棒，在两菌墙之间留 70cm 通道，以便于检查。接种后一周内将培养室温度控制在 22～25℃，以利于菌丝恢复生长。接种后两周内结合翻堆检查一次，如果发现菌棒感染杂菌，则应及时处理。对于感染杂菌的菌棒，可脱袋后重新装袋灭菌，待其冷却后再接种培养，且应适当增加菌种用量（胡繁荣等，2013）。在菌丝生长中后期若发现袋内有大量水珠产生，则要适当加强通风。每天通风 1～2 次，每次 1～2h。

地面堆垛时，应先用砖垒 12cm 高的底座，将菌袋横放于底座上，将袋口向外，每垛堆 3 层菌袋，然后垫一层表面光洁的木板或竹条，依次在木板上堆 3 层菌袋，直至 9～12 层为止。无论是采用层架式堆放培养还是墙式堆放培养，菌种架间或菌墙的垛间都应有 70cm 宽的过道，过道两端应有通风窗，以利于空气流通及工作人员通行。

（5）菌棒质量鉴定指标与方法。在温度适宜的情况下，一般培养 25d 左右菌丝便可长满整个段木表面。待菌棒外表长满灵芝菌丝体后，还需要继续培养，使灵芝菌丝体达到生理成熟。在此期间，可以在弱光环境中培养菌棒 20d 以上。当菌袋内菌棒之间菌丝连接紧密难以分开、出现部分红褐色菌被时，轻压菌棒，微软有弹性；劈开菌棒，其木质部呈浅黄色或米黄色，或者可见部分芝木有芝芽形成，则表示菌棒发菌充分，已经达到生理成熟，可以对其进行脱袋覆土栽培及出芝管理（胡繁荣等，2013）。

4）搭棚做畦

（1）芝场选择。灵芝的栽培场地简称芝场。用段木栽培灵芝，应在海拔 300～700m 处构建芝场。这样的地方夏天最高气温常在 36℃以下，6～9 月平均气温为 24℃左右。同时应将芝场构建在朝东南的排水良好、水源方便、土质疏松的林地或者田地处。

（2）做畦开沟。应在晴天深翻芝场 20cm，保证畦高 10～15cm、畦宽 1.5m，按地形决定畦长，一般不超过 40m，以免影响通风。在畦面四周开排水沟，沟宽 50cm（兼作操作通道），沟深 30cm。清除芝场内外的杂草、碎石，在畦面和沟底撒上石灰。对可能出现山洪的芝场，应事前挖好洪沟，以防患于未然。

（3）搭架建棚。芝棚分为遮阳棚、大棚和小拱棚。根据芝场的地理位置及灵芝品种选择棚的类型。

5）排场覆土

（1）菌棒进场。每年 3～4 月，选择气温为 15～20℃的晴天或阴天排场，应事先清理干净芝场，注意防治白蚁。在菌棒脱袋排场前，可将菌棒摆放在芝场内"假植"5～7d，促使运输过程中造成的菌棒菌丝体或者菌皮的损伤愈合，减少杂菌感染概率。排场时，将不同菌种的菌棒分开排场，以免因拮抗反应而不出灵芝。同时，按照发菌程度，将菌棒分开排场，以便于出芝管理。

（2）割袋排场。割袋后，去掉菌棒两头的菌种，按序排列，把菌棒横置在已做好的栽培畦内。菌棒间距 5cm，行距 10cm。排场后，保持畦内菌棒的表面在同一平面，以便于均匀覆土。

（3）覆土。覆土深浅厚薄应视芝场空气相对湿度大小酌情处理。覆土最好用火烧土，既可提高土壤热性又可增加土壤含钾量，有利于出芝。覆土时，将菌棒之间的空隙填满潮湿的细土，并在其表面覆 3cm 左右的松土。

4.7.4　生态菌物出菇条件的管理

1. 段木栽培

出菇管理期间的技术措施应围绕温度、湿度、空气 3 个方面着手。下面以香菇段木栽培为例对出菇条件的管理进行说明。

1）温度

菌丝发育健壮、达到生理成熟的菇木，经浸淋水催菇后，在适宜的温度下可大量出菇。适宜出菇的温度为 10～25℃。在这一温度范围内，温差在 10℃左右时有利于子实体的形成。较大的温差变化，可使菌丝营养暂聚，扭结形成原基，继而在较高的适温条件下膨大成小菇蕾，在较恒定的适于子实体生长的温度内，小菇蕾正常发育成香菇。

2）湿度

出菇阶段的湿度包括两个方面，一是菇木的含水量，二是空气相对湿度。如果在出菇阶段菇木的含水量低于 35%，则无论菌丝发育多么理想，都无法出菇。第一年菇木的含水量以 40%～50%为宜，第二年菇木的含水量以 45%～55%为宜，第三年菇木质量近于或略重于新伐时的段木质量。在子实体原基分化和发育成菇蕾时，菇场的空气相对湿度应保持在 85%左右。随着子实体长大，空气相对湿度应下降至 75%左右。当子实体发育至七八分成熟时，空气相对湿度可下降至偏干状态。

3）惊木

惊木方法主要有两种。第一种为浸水打木。在菇木浸水后立架时，用铁锤等敲击菇木的两端切面。菇木浸水后，其氧气含量相对减少，惊木后菇木缝隙中多余的水分可溢出，以增加新鲜氧气，使断裂的菌丝茁壮成长，促使子实体原基大量爆出。第二种为淋水惊木。在无浸水设备的菇场，可利用淋水惊木方法催菇。淋一次大水，在菇木两端敲打一次，或在下雨时敲打菇木。北方冬季下大雪时，可将菇木埋在雪里，待雪融化渗湿菇木后进行惊木，效果也很理想。

2. 代料栽培

以香菇代料栽培为例。香菇从接种到菌丝生理成熟需要 60d 左右。菌丝生理成熟后，由白色变成红棕色，并出现黄色水珠，随之出现香菇子实体原基。转色期要增加室内散射光，加强通风。当菌袋转色成红棕色菌膜后，把菌棒搬到大棚或温室，进行脱袋处理，一般脱袋后 15～20d 即可出菇。

出菇后菇床温度控制在 10～16℃，空气相对湿度保持在 90℃左右，需要较多的散射光和良好的通风条件。头茬菇采收后，应及时加强通风换气，促进菌丝恢复生长，并人为造成昼夜温差，促使菇蕾大量再现。香菇子实体一般在七八分成熟时进行采摘，即菌膜已破、菌褶已全部伸长时为香菇最适采收期。

3. 袋（瓶）式栽培

以金针菇袋式栽培为例，从接种到菇体长成大约要 2 个月。进入出菇管理后，温度要降到 10～12℃，空气相对湿度要保持在 90%左右。在出菇阶段要控制好通风、光照、温度、空气相对湿度和二氧化碳浓度。若管理不善，则会出现畸形菇。例如，有的金针菇菌盖很小，叫针头菇，这是二氧化碳浓度过高造成的。如果金针菇因通风太强而菌盖长得太大，则不符合商品菇的要求。金针菇菇体颜色好、菌柄长到 10cm 以上、菌盖直径达到 1cm 时，就可以采摘了。采摘时，一手按住袋口，一手轻轻抓住菇丛拔下，平整地放入筐内。对于刚采摘的金针菇要剪去菌柄基部，放在光线暗、温度低的地方，以便储运销售。

4. 畦式栽培

以灵芝畦式栽培为例进行说明。

1）温度

灵芝菌棒脱袋覆土后，应保持芝棚温度在 20～23℃，经 8～12d 便可使菌棒现蕾。此时应加强管理，否则易造成灵芝畸形、病虫害或者减产。

2）湿度

在对湿度的管理上，土壤湿度应按照前湿后干的原则，在前期将土壤湿度保持为 16%～18%，在后期小于 15%；保持空气相对湿度为 80%～95%，以促进菌蕾表面细胞分化。在芝芽发生及其菌盖分化期间，既要保持空气相对湿度为 85%～95%，又要保持土壤呈湿润状态（土壤含水量为 16%～18%），以免因空气干燥而影响菌蕾分化。

覆土后第 4 天开始喷水，每 5～7d 喷一次。遵循晴天多喷、阴天少喷、下雨天不喷的原则，以促进芝芽分化发育。

3）光照

在光照管理上应按照前阴后阳的原则。前阴有利于菌丝生长、子实体原基分化；后阳有利于提高棚内温度，促进菌盖加厚生长。

4）通风

灵芝属于好气性真菌。在良好的通风条件下，灵芝可形成正常的"如意"形菌盖。如果空气中二氧化碳浓度增至 0.3%以上，则灵芝只长菌柄，不分化菌盖，形成"鹿角芝"。

另外，为减少杂菌危害，在高温、高湿时要加强通风管理。每天揭膜通风一次，保证空气新鲜，防止二氧化碳浓度积累过高。通风时，只须揭开畦四周塑料薄膜，揭膜高度略高于子实体，这样有利于菌盖生长发育。当芝场太潮湿时，可揭开整个塑料薄膜通风排湿，在阴雨天要注意防止子实体淋雨。

4.7.5　生态菌物的菌种保藏

1. 菌种保藏的任务

菌种保藏的主要任务是根据不同菌种的遗传性能和生理生化特性，人为地创造环境条件，使菌种保持原有的特性，不死亡、不被污染，能长期应用于生产。

食用菌菌种与其他微生物一样，都具有遗传性和变异性。遗传性使食用菌在繁殖过程中能够保持原有的性状，为菌种保藏提供保证。变异性使食用菌性状在繁殖过程中出现某些改变，给菌种保藏带来困难。由于菌种存在变异性，菌种的优良性状可能会丧失，出现发育缓慢，存活率、产量和质量降低等现象。菌种保藏工作就是使菌种的变异性降至最低水平，使菌种在较长期的保藏之后仍然保持原有的生命力、优良的生产性能和形态特征，不被杂菌污染，能够长期在生产和研究中应用。

2. 菌种的保藏方法

1）斜面低温保藏法

斜面低温保藏法是指待菌丝长满斜面培养基后，将试管放入 4℃冰箱中保藏。这是短期保存食用菌菌种的一种方法，一般 3～6 个月要转管一次。此法是实验室常用的菌种保藏法，优点是操作简单，使用方便，不需要特殊设备，能随时检查保藏的菌种是否死亡、变异或被污染等。这种方法适用于绝大多数食用菌，但草菇例外。草菇不耐低温，其保藏温度应控制在 10～15℃。

2）矿物油保藏法

矿物油保藏法是指将矿物油灌入菌丝长满斜面的试管中，使液面超出斜面1cm 左右，使斜面菌丝完全不接触空气，静置至凝固，放在 4～15℃可保藏 2～3年。矿物油主要选择液体石蜡，因此矿物油保藏法又叫作液体石蜡保藏法。液体石蜡无色、透明、黏稠、性质稳定、不易被微生物分解，覆盖在斜面菌种之上，可以防止培养基水分蒸发，使斜面菌丝与空气隔绝，抑制菌丝的代谢，也可能使菌丝处于休眠状态，推迟细胞衰老，延长菌丝的保藏时间。

3）自然基质保藏法

自然基质保藏法是指以不含毒性、刺激性和抑菌性成分，富含营养的天然物质作为培养基来保存菌种的方法。这里说的天然物质营养丰富，可延长菌种的存活时间，主要有小木块、小枝条、木屑、麦麸和麦粒等。其取材方便，可以根据菌种的生物学特性选择。自然基质保藏法具体分为麦粒保藏法、麸曲保藏法、木屑保藏法、枝条保藏法和木块保藏法。

4）菌丝球保藏法

菌丝球保藏法是指将菌种液体培养 7d 左右，挑出菌丝，放入含有生理盐水（蒸馏水、营养液等）的试管中，密封后可在常温下存放 2 年，不影响菌种的活性和子实体的形成。具体方法如下。先在 250mL 的三角瓶中装入 100mL 培养液（马铃薯葡萄糖液体培养基），接入新鲜菌种 1 块，在 28℃、150r/min 的摇床中振荡培养 5～7d；然后用吸管从三角瓶中取出 5～6 个菌丝球，置于含有生理盐水（蒸馏水、营养液等）的试管中，用棉花塞紧管口，以石蜡密封，放在常温下保藏，可保藏 1～3 年。使用时，开启管口，挑出菌丝体，放在斜面培养基上活化培养，即可使其恢复生长。

5）沙土管保藏法

沙土管保藏法是一种载体保存法，是先将沙土作为食用菌孢子的载体，然后干燥保存的方法。具体方法如下。先取河沙用水浸泡洗涤数次，过 60 目筛除去粗粒，再用 10%盐酸浸泡 2～4h，加水煮沸 30min，除去河沙中的有机质，然后用流水冲洗至中性，烘干备用。同时取贫瘠土或菜园土用水浸泡，使其呈中性，沉淀后弃去上清液，烘干碾细，用 100 目筛除去粗粒。将处理好的河沙与土以（4：1）～（2：1）混匀，用磁铁吸出其中的铁质，先分装到小试管或安瓿管内，每管装 0.5～2g，塞棉塞，用纸包扎灭菌（0.14MPa，1h），再干热灭菌（160℃，2～3h）1～2 次。最后进行无菌检验，合格后方可使用。

在无菌条件下向斜面菌种已形成孢子的试管注入 3～5mL 无菌水，刮菌苔，制成菌悬液，再用无菌吸管吸取菌悬液滴入沙土管中，到浸透沙土为止。将接种后的沙土管放入盛有干燥剂的真空干燥器内，接上真空泵抽气数小时，至沙土干燥为止。真空干燥操作需要在孢子接入后 48h 内完成，以免孢子发芽。每 10 支沙土管抽取一支，用接种环取出少数沙粒，接种于斜面培养基上进行培养，观察其生长情况和有无杂菌生长。如果出现杂菌或菌落数很少或根本不长的情况，则说明制作的沙土管有问题，须进一步抽样检查。若检查没有问题，则将其存放在冰箱中或室内干燥处。每半年检查一次菌种活力和杂菌情况。将制备好的沙土管用石蜡封口，在低温下可保藏 5～10 年。

6）液氮超低温保藏法

液氮超低温保藏法是长期保藏菌种的有效、可靠方法。把菌种装在含有冷冻保护剂的安瓿管内，将该安瓿管放入液氮（-196℃）中保藏。菌丝体处于-196℃时，其代谢能够降低到完全停止的状态，因此不必定期移植菌丝体。

7）冷冻干燥保藏法

冷冻干燥保藏法为菌种保藏方法中最有效的方法之一，适用于保存生活力强的微生物及其孢子。具体步骤如下。

（1）准备安瓿管。冷冻干燥保藏菌种宜采用中性玻璃制造的、长颈球形底的安瓿管，这种安瓿管也称为泪滴形安瓿管。其外径为 6～7.5mm，长为 105mm，球部直径为 9～11mm，壁厚为 0.6～1.2mm。也可用没有球部的管状安瓿管。塞好棉塞，121.3℃灭菌 30min，备用。

（2）准备菌种。用冷冻干燥保藏法保藏的菌种，保藏期可达数年至十数年。为了在多年后不出差错，要特别注意所用菌种的纯度，即菌种不能有杂菌污染。要在最适培养基中用最适温度培养菌种，以便培养出良好的菌丝体。

（3）制备菌悬液与分装。匀浆过滤后，将菌丝体加入含有约 2mL 脱脂牛乳的试管中，制成浓菌液。每支安瓿管中分装 0.2mL。

（4）冷冻干燥器。将分装好的安瓿管放入低温冰箱中冷冻，无低温冰箱时，可用冷冻剂，如干冰（固体二氧化碳）或干冰丙酮液。将安瓿管插入冷冻剂中，只需 4～5min，即可使菌悬液结冰。

（5）真空干燥。为了在真空干燥时使样品保持冻结状态，须准备冷冻槽，在槽内放混合均匀的碎冰块与食盐（温度可达-15℃）。将安瓿管放入冷冻槽中的干燥瓶内。

一般若在 30min 内抽真空度达 93.3Pa，则干燥物不易熔化。之后再继续抽气，在几小时内，肉眼可观察到被干燥物已趋干燥。一般抽真空度为 26.7Pa 时，保持压力 6～8h 即可。

（6）封口。抽真空干燥后，取出安瓿管，接在封口用的玻璃管上，于真空状态下（可用"L"形五通管继续抽真空约 10min，真空度即可达到 26.7Pa），以煤气喷灯的细火焰在安瓿管颈中央进行封口。封口后，将其保存于冰箱或室温暗处。

3. 菌种退化的原因

在菌种繁殖过程中，往往会发现菌种某些优良的性状逐渐消失或变劣，出现长势弱、生长慢、出菇迟、产量低、质量差等现象，这些现象称为"退化"。具体原因如下。

（1）菌种因遗传性状分离或不良杂交而产生种性退化。

（2）菌种可能感染病毒。

（3）人工培养菌种时，培养条件（营养、温度、湿度、通气、pH 等）不合适，不能满足菌种生长要求，使菌种失去自我调节的能力，从而暂时失去正常的生理功能，不能表现出优良种性。

（4）就某一菌种而言，随着培养时间和使用时间延长，个体的菌龄越来越大，新陈代谢机能逐渐降低，失去抗逆能力，或失去高产性状，直至失去使用价值。

（5）可能形成无性生殖结构。在真菌的生活史中存在有性生殖和无性生殖，当无性生殖成为菌丝生长的一部分时，菌种会出现退化。若菌种有无性孢子，可以判定为这种退化原因。

由此可见，菌种退化是菌种在传种继代过程中，从量变到质变的渐变结果，也是一种病态和衰老的综合表现。因此，我们一方面应该采用妥善的保藏方法延缓或遏制菌种的老化和变异，另一方面应该给予菌种适宜的环境条件，使其恢复原来的生活力和优良种性，达到菌种复壮的目的。

4. 菌种复壮的措施

菌种复壮是指恢复食用菌原有的生活力，提高其对生活环境的适应性，使其进一步保持优良性状。菌种复壮常采用以下措施。

（1）在菌种的培养、继代过程中，配制营养成分丰富的培养基，使菌种生长健壮，每隔一定时期，调换不同成分的培养基（改变、调整、增加某种碳源、氮源或矿质元素等），或直接将菌种转接到适生段木上，并给予适宜的环境条件。此法对因营养基不适而衰老的菌种具有一定的复壮作用。

（2）菌种分离时，要有计划地交替使用无性繁殖和有性繁殖的方法。在自然条件下，菌种的复壮只有靠产生新一代才能实现，菌种反复进行无性繁殖只会不断衰老。有性繁殖所产生的孢子是食用菌生活史的起点，具有丰富的遗传特性。因此先用有性繁殖的方法获得菌种，再以无性繁殖的方法保持它的优良性状，可以使菌种的变异和遗传朝着有利的方向发展。应每年进行一次菌种的组织分离（无性繁殖），每 3 年进行一次孢子分离（有性繁殖）。

（3）适当多贮存一些经过分离提纯的母种，妥善保藏，分次使用。转管移植次数不要过多，避免因带来杂菌或病毒污染而削弱菌种的生活力。

（4）加入微生物激活食用菌。例如，银耳菌种出耳率降低时，可加入芽孢进行复壮。具体方法如下：准备 30～40 支银耳斜面芽孢试管；配 500 体积的营养液（500mL 净水+5g 葡萄糖+乳酸数滴，pH 5.5 左右），灭菌后，将营养液用无菌长吸管注入芽孢试管，将芽孢菌落全部洗脱，将洗脱液装入无菌小口瓶，即配成孢子液。孢子液要随配随用，每瓶木屑菌种注入孢子液 20mL 即可。将孢子液用于段木接种，可明显提高银耳菌种出耳率。

（5）加入维生素等物质，延缓细胞衰老。例如，在高温夏季培育凤尾菇等食用菌母种时，在琼脂培养基中加入适量的维生素 E，既能延缓食用菌细胞衰老，又能提高食用菌产量。在每支试管培养基中加 1 粒维生素 E 胶丸，灭菌后接种。菌种在 28℃下，20d 不出现黄菌丝，无菌丝倒伏和萎缩现象发生。

4.7.6　生态菌物的贮藏保鲜

食用菌贮藏保鲜技术的研究与应用是食用菌产业持续健康发展的有力保障。

近年来，随着食用菌产业的迅猛发展，各种新型的贮藏保鲜技术不断涌现，给食用菌贮藏保鲜产业带来了生机与活力。目前，食用菌贮藏保鲜技术主要分为物理贮藏法和化学贮藏法。物理贮藏法主要有真空预冷、气调包装、减压贮藏、超高压和辐射处理；化学贮藏法主要有保鲜剂、电解水和臭氧处理。以下介绍几种我国常用的食用菌贮藏保鲜技术。

1. 防雾薄膜

在包装食用菌时通常采用薄膜，但普通的薄膜会使食用菌的外观发生较大变化，同时容易引起微生物的滋生，造成食用菌变质，不利于食用菌的保鲜。在薄膜中加入防雾剂，可制成防雾薄膜。首先，防雾剂经过一段时间后会附着在薄膜表面，起到阻隔作用；其次，防雾剂可以减少聚乙烯含量，因此可以较好地防止食用菌水分流失。使用防雾薄膜进行保鲜的原理在于减少食用菌的呼吸作用，延长食用菌的成熟时间，减缓食用菌腐烂。试验表明，将 2.5kg 的食用菌通过抽真空的方式放在防雾薄膜中，在 2℃下存放 30d，仍然没有发生变质。可见利用防雾薄膜可以显著提升食用菌贮藏保鲜效果，有效减少因食用菌变质而造成的浪费。

2. 纳米薄膜

纳米薄膜可以进行自动调节以达到保鲜的效果，保鲜时间比防雾薄膜更长。纳米薄膜由进口的聚乙烯材料结合氧化钛、氧化硅及纳米母粒制成。其中最重要的是纳米母粒，其可以增强薄膜的透湿能力，自动判断食用菌的湿度，从而避免食用菌水分的流失，达到保鲜的效果。纳米薄膜不仅可以有效防止食用菌腐烂，还可以保证食用菌的口感，使其更受消费者的喜爱。

不同于普通的保鲜薄膜，纳米薄膜能够隔离微生物，使用更加安全，且加工成本较低，是一种较好的保鲜方式。实验表明，将 2.5cm² 的斜面食用菌放在接近真空状态的纳米薄膜中，在 2℃下存放 40d，仍然没有发生变质。由此可见，纳米薄膜比防雾薄膜保鲜时间更长。

3. 真空贮藏技术

利用防雾薄膜与纳米薄膜进行保鲜时，需要进行真空处理，即减压处理。真空贮藏技术的原理为将袋中的空气抽出以达到相对真空的目的。因为袋中几乎没有空气，不会发生有氧反应，所以微生物失去了生存的条件，从而达到食用菌保鲜的目的。当然并不是完全真空的状态最利于食用菌的贮藏保鲜。如果食用菌处于完全真空的环境，就会引起食用菌的无氧呼吸，尽管保鲜效果很好，但食用菌的口感将发生较大的变化。

4. 冷鲜保藏法

冷鲜保藏法是一种简单的保鲜方法。低温环境会减少食用菌的呼吸作用，并且抑制微生物的生长，从而达到保鲜的目的。需要注意的是，食用菌不同，保鲜温度不同。总体来说，在 0～8℃下，几乎所有的食用菌都可以得到保鲜。

5. 气调包装法

气调包装法是目前果蔬行业中比较常见的一种保鲜方法，目前已在食用菌的贮藏保鲜中得到广泛应用。在气调包装中，填充一定比例的混合气体，可以长时间地保持食用菌的新鲜状态。对食用菌来说，气调包装可以抑制食用菌的呼吸强度，使其处于缓慢的代谢过程中。气调包装的贮藏保鲜效果受很多因素（如贮存环境的空气相对湿度、温度、包装膜材质、薄膜面积、包装内的气体成分及食用菌体积等）影响。

6. 超高压处理技术

超高压处理技术是一种以 100MPa 以上静压对食品进行特殊加工的技术。超高压处理技术主要通过高压来降低微生物含量，抑制酶的活性，更好地保持产品的色、香、味及营养物质，具有较好的保鲜效果。现阶段相关设备的处理效率较低，因此超高压处理技术还不能应用于大批量的工业化生产。

7. 辐照处理技术

辐照处理技术被视为是继巴氏杀菌法后的第二大食品杀菌技术，是对食品施加电离辐射以杀死可能存在于食品中的微生物或昆虫，从而延长食品货架期的技术。它对食品感官和营养成分产生的影响较小。辐照处理在杀菌的同时，能够抑制酶活性，降低食用菌的代谢作用，减少其质量损失。辐照处理技术的弊端在于其在延长食用菌货架期的同时，也可能使食用菌的营养成分发生改变，因此要谨慎选择辐照处理的强度。

8. 保鲜剂处理

保鲜剂处理可以分为化学保鲜剂处理和生物保鲜剂处理。化学保鲜剂处理是指将某些无毒、无异味且对人体无害的化学试剂按照一定比例配制成溶液，喷在食用菌子实体表面、形成具有一定阻隔性的薄膜，使子实体内部形成一个低氧环境，达到减少水分蒸发、延长食用菌货架期的目的。生物保鲜剂处理的作用是将某些具有杀菌或抑菌活性的天然物质配制成适当浓度的溶液，对食用菌进行浸泡、喷淋或涂抹等来抑制或杀灭食用菌中的微生物，通过避免食用菌与空气直接接触、调节贮藏环境的气体组成和空气相对湿度达到防腐保鲜的目的。

第 5 章

生态菌物产业的综合效益

生态菌物产业作为现代生态农业的有机组成部分，按照生态学原理和经济学原理，运用现代科学技术成果和管理手段，一方面能够有效地利用农业生产和产品加工过程中的副产品，变废为宝，增加经济效益，另一方面不与农作物生产争地、争时，能够吸收大量农村剩余或弱势劳动力，其综合收益是普通粮食作物的4～5 倍，其是集生态效益、经济效益和社会效益于一体的新兴特色产业。

5.1 生态菌物产业的经济效益

5.1.1 投入成本低

生态菌物产业是农业循环经济的典型模式之一，既不与工业争能源、不与工厂争原料，也不与农业争土地，是一种生产周期短、投资少、见效快、效益高的新兴产业。

生态菌物生产可以用农、林副产品等资源作原料，把人类不能食用的秸秆、锯木屑、酒糟等富含纤维素、木质素的有机废弃物转变为高蛋白质含量的食品。同时，生态菌物生产后产生的菌糠又可以作为饲料和有机肥料，降低了生产成本。

在生态菌物生产过程中，应鼓励市场+合作社+农户、市场+企业+农户、市场+企业+合作社+农户等多种合作方式，激发农民参与的积极性，降低人力成本。

5.1.2 市场风险小

生态菌物产业不占用农田，使食用菌在相对稳定的环境中生长，抵御自然灾害能力强，减少了自然灾害带来的经济损失。生态菌物产业能够形成一条从栽培、收获、加工、销售、餐饮服务、观光旅游到保健养生的完整产业链，避免食用菌脱产脱销等问题的出现。

生态菌物产业的原料来自系统本身,在少量的土地面积上,可以生产多种食物。生态菌物产业菌物种类多样,系统稳定,抗自然灾害能力强,延长了食用菌货架期,避免了集中上市带来的农产品滞销。以弘毅生态农场为例,在这个系统中,害虫与杂草变成了资源,同时由于农田生态系统健康,菌物病虫害基本消失(蒋高明等,2017)。

生态菌物产业把农户(基地)、企业、市场三者紧密、有机地结合在一起,形成利益共享、风险共担、共同发展的实体,建立起生态良性循环的生态农业发展模式。

5.1.3　产业收益高

生态菌物产业产值回报高,通常菌物生产可获得 3 倍的收入回报,一些比较稀有的菌物(如松蘑、羊肚菌等),其收入回报能够达到 6 倍(韩俊榕,2015)。以随州香菇为例,用栽培过香菇的基质继续栽培黑木耳,按市场价 60 元/kg 计算,产值达 7.6 万元/hm^2,利润达 1.8 万元/hm^2 左右(张立,2014)。生态菌物产业能够带动采摘、加工、农机、餐饮、食品、有机肥、饲料、旅游等多个产业的发展,间接产值为直接产值的 4 倍(张金霞,2015)。

5.1.4　推动经济发展

随着互联网的发展和产业之间协作化程度的提高,生态菌物产业与区域经济之间的耦合趋势不断增强,生态菌物产业在推进地区经济增长方面发挥了重要的作用。一方面,生态菌物产业的经济活动是区域经济要素流通和各项经济活动运转的载体,起到连接地区、产业和部门的纽带作用;另一方面,区域经济的快速增长也为生态菌物产业规模的扩大和结构的优化提供了重要的前提和保证。地区经济发展缓慢会制约生态菌物产业的发展及行业规模的扩大。

在区域范围内,生态菌物产业的功能不仅在于提高地区产业聚集的程度和产业之间的关联度,还在于促进产业之间与地区之间生产要素的流动和资源的优化配置。

5.2　生态菌物产业的社会效益

5.2.1　助农致富

生态菌物产业经过几十年的发展,已经成为许多省份的特色优势产业,是助农致富的重要途径。

1. 生态菌物生产的自然资源优势突出

我国低收入人口集中分布的地区，大都是生态环境质量较高的地区，远离工业污染，适合发展优质农业。山区发展生态菌物产业，在土地、劳动力等资源成本及秸秆等培养料来源方面占有明显的优势。利用山区大量闲置的竹林发展林下生态菌物产业，不仅可以省去占用农田和搭盖菇棚的成本，还可以利用生态菌物生产的废弃物，促进竹林和竹笋的生长，带来更大的经济效益和生态效益。

2. 生态菌物市场消费增长速度和稳定性高

产品与市场脱节及市场不稳定是导致产业收入低的重要诱因。在过去的几十年里，全球生态菌物产量呈现上升趋势，我国是生态菌物产量增长速度最快的国家，年复合增长率超过 18%，远高于世界平均水平（张金霞等，2015）。从消费导向看，生态菌物已成为人类食物结构的重要组成部分。WHO 和 FAO 也将"一荤一素一菇"列为人类健康膳食结构。

3. 生态菌物产业的流通体系比较发达

农产品流通产业良性发展是农业供给侧结构性改革的重要任务之一（孙伟仁等，2018），但也是低收入地区最薄弱的环节之一。生态菌物产业工厂化生产不受地理、气候的影响，在区域选址上有更大的灵活性，这为生态菌物产业流通提供了更好的交通设施保障，也使生态菌物流通体系的构建更加灵活和有可操作性。

4. 生态菌物产业具有明显的组织规模效应

我国特色农产品的加工生产缺少龙头企业，企业规模较小、生产设备简陋、生产品种单一、生产加工等技术相对落后。生态菌物产业采用设施化和工厂化生产手段，不受耕地条件的限制，其规模经营较其他农作物产业容易得多。

生态菌物产业形成了市场+合作社+农户、市场+企业+农户、市场+企业+合作社+农户等多种新型合作方式，建立起有序的市场经济运行模式，解决了生产销售过程中遇到的深层矛盾，保证了生态菌物产业的可持续发展，促进农民增收，带动当地经济发展。

5. 生态菌物产业是真正的绿色产业

生态菌物产业是设施化率最高的农业产业，生态菌物工厂化在相对可控的环境设施条件下，可以实现生产的规模化、集约化和标准化。相对于传统农业模式，其栽培流程可以实现精细控制和质量溯源,实现生产环境、生产过程、原料品质及产品检测、包装甚至运输的标准化,从源头上确保农产品安全,它是具有现代农业特征的绿色农业生产方式。生态菌物产业还是典型的变废为宝的生态循环农业,在生产过程中可以实现废弃物的零排放,不但可以实现产业的多元增值,而且有效地保护了环境。

6. 生态菌物产业可以实现低收入户的有效参与

生态菌物产业与其他农业产业最大的不同在于可以实现分段式管理。掌握先进技术和设备的企业或合作社重点完成关键和难度系数高的技术环节,而低收入户完成技术要求低且容易管理的劳动密集型环节,这就改变了一般助农产业只是纯粹的产业指导和劳动力雇佣的关系。公司通过与菇农建立有效的利益联结机制,在实现标准化生产的同时,也增强了低收入菇农自我发展及风险抵御的能力,并使他们享受生态菌物生产、流通等多层次、多环节的增值收益。

5.2.2　产业结构优化

1. 价值链优化

生态菌物产业市场利益分配以价值链为导向,在价值链优化的基础上更好地提升整体的价值链贡献。生态菌物产业以"融合发展"为立足点和出发点,建立科学循环和农业经营者持续增收的长效机制。当前生态菌物产业价值链的参与主体以菇农为主,他们对整体的产业链贡献最大,但是只获得了与之不相匹配的收益,长此以往,会严重损害菇农的工作热情与积极性(孙致陆和李先德,2015)。生态菌物产业以政府扶持为依托,以企业合作为基点,保证农户收益,不断优化产业价值链,从而最大限度地提升生态菌物产业的发展质量。

2. 组织链优化

目前,我国生态菌物产业出现了较为严重的产业链脱节问题,并处于严重的断节状态。其中,菇农们一直沿袭传统的生产模式,不仅没有与工厂对接,而且没有与市场连接,使需求与供应矛盾不断发生。

生态菌物产业不断强化主体间的合作性与沟通性,并以此为基础不断优化整体产业链,使传统的小农生产模式更新升级,逐步走向专业户、集体和企业等产业链模式。经过不断完善组织形式,在有效提升菇农收入的同时,提升生态菌物产业的抗风险性。政府部门需要通过宏观调控来优化生态菌物产业结构,保证各利益主体都能享受到生态菌物产业带来的效益(赵亮和穆月英,2012)。只有通过政府部门的组织与协调，才能保证各类松散的生产者们逐步形成完整的产业链，最大限度地提升生态菌物产业的质量与生产效率。

3. 物流链优化

再生产是生态菌物生产的第一要义，完善与优化物流系统是当前生态菌物产业发展与出口工作的重中之重。

（1）提升物流领域的组织化程度。为形成良好的品牌影响力、不断培育优质的生态菌物企业，需要努力提升生态菌物物流链的完整性，保证形成有机统一的良好局面，避免松散与无组织无纪律问题的发生。只有通过专业化组织对生态菌物进行储存与运输，才能不断提升其新鲜程度，最大限度地满足消费者的需求。

（2）形成良好的物流化改造模式。通过优化布局、改造基础设施来不断提升生态菌物运输、包装和分拣的效率，减少流通环节的成本。

4. 信息链优化

随着市场竞争的不断升级，为提高生态菌物产业的发展质量，需要优化信息链来提升生态菌物产业的价值，保证资源配置更加合理。消费者需求是生态菌物产业发展的信息源头，只有不断挖掘市场需求、在充分调研的基础上掌握市场信息，才能保证生产与需求相吻合。因此，需要及时掌握准确的信息，形成良好的信息获取与沟通模式，保障信息链优化的顺利完成。

健全与完善生态菌物信息平台，形成良好的生产、销售、运输模式已经刻不容缓。在发展初期，受制于产业结构不完善、各利益主体经济能力较低等因素，生态菌物信息平台共享性较差，需要政府积极做好财政支持与管理工作，保证行业间、地域间的沟通协调，形成良好的发展局面。

5.2.3　未来发展趋势

1. 由零散化向标准化、专业化、规模化、产业化发展

生态菌物产业需要的原料大多是农业废弃物，在部分落后的农村地区，生态菌物的质量无法得到保障，不利于整体产业的可持续发展。只有不断优化升级产业结构，才能提高生态菌物产业发展质量，形成良好的发展局面。除此之外，生态菌物产业的发展，需要各地区结合自身的资源特征和生态特征因地制宜地选择生态菌物品种，在不断提升基础设施的前提下优化产业布局，更好、更快地实现整体产业的现代化发展目标，为优化生态菌物产业出口模式奠定良好的基础。

2. 优化加工技术层次，发展精深加工业

随着生产加工技术水平的不断提升，生态菌物产业链不断延长，经济效益提

升明显，出口创汇能力同步提升。就生态菌物深加工而言，通过升级生产工艺可提升生态菌物产品质量，深入开发生态菌物产品的保健、医疗、美容等功效。目前，我国不但研发出很多营养健康的生态菌物饮品，而且诞生了大量生态菌物美容产品，市场需求迅速增加。

3. 调整生态菌物产业结构，扩大草腐菌栽培

木材是生态菌物产业的主要原料，在工业化生产过程中，对森林资源的需求量不断增加。因此，为调整生态菌物产业结构，需要通过优化草腐菌产业结构来最大限度地保护森林资源，提升生态菌物产业的整体质量（卢敏和李玉，2012）。在具体的生产过程中，可以因地制宜地进行生态菌物的加工与生产，保证原料充分得到供应。

5.2.4 推动就业

1. 生态菌物在农业栽培就业领域的拉动作用

生态菌物产业效益好、见效快、劳动强度低，对剩余劳动力的吸纳性好。我国 10 余个省份的生态菌物年产量超过 100 万 t，其中河南省的生态菌物年产量超过 500 万 t。全国生态菌物产值在千万元以上的县区有 100 多个，从业人员超过 3 000 万人（高科佳等，2019）。例如，福建省古田县超过 70% 的农民从事生态菌物生产，其收入占家庭收入的 70% 以上（张文超和谭寒冰，2019）。

近年来，生态菌物产业的发展呈现新的特征和变化（张平等，2017）。在产业助农中，以每个县平均建立 1 000 个生态菌物大棚计算，全国约 1 500 个县能够带动 150 万个家庭直接就业，每个大棚最低平均收入按 1 万元计算，能够带来 150 亿元的收入。以河北省保定市易县为例，生态菌物工程覆盖 290 个行政村，占易县总行政村的 58%，覆盖 2 957 户低收入户，直接受益人口将近 10 000 人（白丽和赵邦宏，2015）。

2. 生态菌物在第二三产业就业中的带动作用

近年来，随着机械化和智能化水平的不断提高，传统农业的就业人数逐渐减少，这实质上反映了产业转型升级的需要。目前，传统栽培业的剩余劳动力正在向生态菌物产业转移。生态菌物产业培育了农村新型企业家，带动就业创业，建立了合作社、青年就业创业基地，发掘了新的产业机会（庄海宁等，2015）。同时，第三产业的飞速发展也给生态菌物就业带来了新的机遇，旅游农家乐、生态菌物特色观光园、有机生态菌菜基地、生态菌物体验活动等的出现，给农村创造了大量的劳动岗位（张金霞等，2008）。

5.3　生态菌物产业的生态效益

5.3.1　自然界的降解者

我国是农业大国，农业发展面临着保障粮食安全、应对气候变化、节能减排、保护资源环境、增加农民收入等诸多挑战。"自然垃圾"是重要的生物资源，是一种物质和能量的载体，蕴含着巨大的能量及丰富的营养物质。目前，绝大多数农业废弃物没有被作为资源来利用，而是被随意丢弃或者直接焚烧排放到环境中，这使一部分"资源"变为"污染源"，对生态环境造成了极大的影响。

生态菌物在物质循环的过程中，除了充当物质的还原者，还是对人类有贡献的次级生产者。菌物通过菌丝分泌的水解酶及氧化酶能高效降解和利用农业废弃物中的大分子物质，如纤维素、半纤维素、木质素、蛋白质、多糖等（卫智涛等，2010），形成可供人们享用的营养美味食品。近 20 年来，生态菌物产业快速发展，对调整我国农业结构，促进农业增效、农民增收发挥了重要作用。

生态菌物产业借鉴桑基鱼塘循环生态农业生产模式，形成了植物—动物—微生物三位一体的良性循环模式。在该循环模式中，菌物作为微生物与动物、植物相互依存，菌物是分解者，为植物提供肥料，植物为菌物提供原料，动物为植物提供养料，三方各自产生的废弃物成为另外一方的原料。植物—动物—菌物三位一体循环示意图如图 5-1 所示。生态菌物产业的良性循环，为现代农业的循环经济发展提供了良好的借鉴。

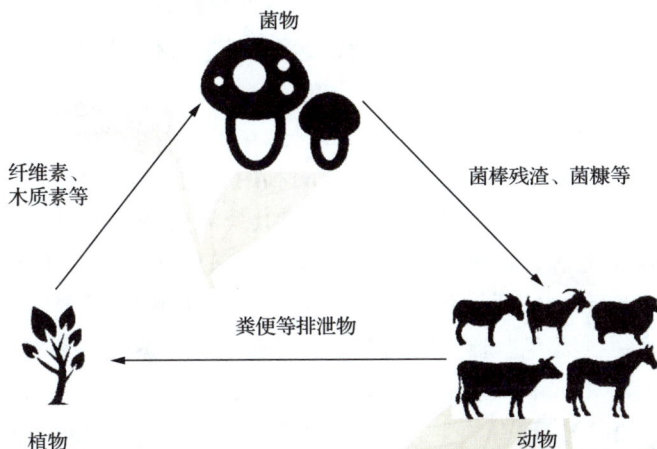

图 5-1　植物—动物—菌物三位一体循环示意图

5.3.2　提高农业废弃物利用率

1. 农业废弃物是生态菌物生产的主要原料

我国早期利用段木栽培香菇、木耳等菌物，在产业发展到一定规模后，国家出台对林业的保护政策，限制了菌物产业的发展。20 世纪 50 年代，我国首先用木屑进行菌物的栽培，后来以棉籽壳、玉米芯、玉米秸秆、甘蔗渣、大豆秸秆等农业废弃物及酒糟、醋糟等轻工业副产品为主料，适当添加麦麸、稻糠等辅料，成功进行了菌物栽培。

不同菌物对农业废弃物的转化率差异显著。如以玉米芯、木屑、棉籽壳、甘蔗渣、稻草等为原料栽培香菇，生物学效率为 100%～150%；以木屑为主要原料栽培香菇、木耳、金针菇，适当添加棉籽壳、玉米芯、甘蔗渣等，生物学效率为70%～100%；以稻草、麦秸秆、玉米秸秆和牛粪等废弃物为主要原料栽培草菇、双孢菇，生物学效率为 30%～40%。

农、林业资源作为生态系统的能量流、物质流转化载体，为生态菌物提供了基础营养。植物—微生物之间存在的营养链、物质循环转化利用途径，显示生态菌物具有利用农业废弃物的特有潜力。

2. 生态菌物高效循环转化模式

随着生态菌物产业的快速发展，为了保证出菇效率及降低成本，在生产上往往只采摘成熟的子实体，因此每年会产生大量的菌物废弃物。菌物废弃物大部分来源于废弃的栽培基质，即菌糠。对这些废弃物若不及时进行有效的处理，则不仅会造成农业资源的浪费，还会给菌物生产及居民环境带来极大的安全隐患。因此，如何实现菌物废弃物的资源化利用，达到低碳循环经济理念的要求，已成为生态菌物产业现阶段的研究热点。

菌物废弃物是物质和能量的载体，含有大量的菌丝、营养成分、次级代谢产物及微量元素等，在农业生产上具有较高的利用价值。从资源经济学的角度看，菌物废弃物作为一种特殊形态的农业废弃物，其资源化利用方式可概括为"六化"：肥料化、饲料化、能源化、基质化、材料化和生态化（彭靖，2009）。

目前对菌物废弃物的资源化利用研究大多集中在单个领域，缺乏行业间的衔接与结合，因此菌物废弃物难以得到有效的综合利用。按照循环农业的发展理念，延长产业链、发展多级利用模式及循环生产已成为生态菌物产业发展的核心（胡清秀和张瑞颖，2013）。现有的生态菌物产业循环模式主要以菌糠资源化利用为起点，外延辐射形成菌糠循环利用模式。菌物子实体废弃物作为菌物废弃物的重要组成部分，也应被纳入生态菌物资源化循环利用模式中。

1）菌糠资源化利用途径

菌糠资源化利用的主要途径如下。

（1）菌糠本身含有作物生长所需的有机质、氮、磷、钾等营养元素，菌丝分泌的相关酶对作物吸收菌糠中的营养成分有一定的促进作用，因此菌糠可作为有机肥直接还田利用（胡清秀和张瑞颖，2013），也可作为育苗基质（郑丹等，2016）、堆肥原料（吴飞龙等，2017）或土壤改良剂（刘玉明等，2017）。

（2）菌糠发酵后，降解木质素59.0%～89.0%，粗蛋白质含量提高24.6%～72.4%（朱留刚等，2018），营养丰富，饲口性佳，具有很高的饲用价值，可作为畜禽和昆虫的饲料（韩朋伟等，2016）。

（3）菌糠含有大量纤维素类物质，晒干后可作为燃料（黎演明等，2015）。菌糠含有丰富的有机质，适用于大量繁殖微生物，厌氧发酵后可用于制备生物质能源，如沼气（Shi et al.，2014）、乙醇（Asada et al.，2011）等。

（4）不同菌物所需的营养成分存在差异，如木腐菌和草腐菌对菌棒中木质素和纤维素的利用率不同（李正鹏等，2016）。

（5）菌糠含有棉籽壳、锯木屑等成分，具有孔隙大、疏松透气和保水保湿的特点，可作为养殖场发酵床的垫料（郭彤等，2017）。

（6）菌糠表面存在大量羟基、磷酰基和酚基等吸附性官能团，可作为生态修复材料，如作为重金属吸附剂（Das et al.，2015）、染料吸附剂（Toptas et al.，2014）或制备活性炭（Ma et al.，2014）等。

（7）菌糠中存在菌丝和相关代谢产物，可作为生物活性物质的提取材料，如多糖（张斌等，2015）、酶制剂（范东等，2016）等。

2）菌物子实体废弃物资源化利用途径

菌物子实体废弃物包括菇脚、菇片、菇柄、畸形菇及采摘后的子实体残渣等，含有丰富的营养成分、有机物及矿质元素等，其资源化利用途径与菌糠的资源化利用途径类似，主要集中在以下几个方面。

（1）作为饲料添加剂，具有提高畜禽的生产性能及免疫力等作用（王丽娜等，2013）。

（2）作为肥料，可提高作物的产量、品质和抗病性。

（3）可用来制备功能性食品，如饮料、酱油等（马月群和李洪，2017），具有营养丰富和天然安全的优点。

（4）可用于生物活性成分的提取，如用于多糖（薛令坤等，2017）、蛋白质（张乐等，2017）和麦角硫因活性成分的提取（薛天凯等，2017）等。

（5）作为生态修复材料，可将菇脚固定或经有机溶剂处理后用于吸附重金属（李霞等，2017）、十二烷基苯磺酸钠（黄晓东和娄本勇，2013）等。

5.3.3　保护生态环境

1. 生态菌物栽培没有农药残留

生态菌物产业只用少量的农药和化肥，且对化肥利用效率高。发展生态菌物产业，可以减少90%以上的农药和50%以上的化肥投入，对菌物产量影响不大（蒋高明等，2017）。生态菌物产业前期投入的化学物质非常少，且大多是可降解的生物农药或低毒农药，再加上自然界的自净能力，使生态菌物产业的产品基本不存在农药残留（Yu et al, 2018）。

2. 生态菌物生产将碳排放逆转为碳吸收

目前，全球高达44%～57%的温室气体来自现代农业及与其相关的工业活动。生态菌物在生产过程中，使用有机肥或菌糠替代化肥，可显著减少温室气体排放量。研究发现，在现代农业模式下，普通农田净释放温室气体为 2.7 二氧化碳当量/（$hm^2·a$），而生态农业净吸收温室气体为8.8 二氧化碳当量/（$hm^2·a$）（Liu et al., 2015）。由此可见，生态菌物生产能够有效地将碳排放逆转为碳吸收，对环保低碳农业的发展具有重要意义。

3. 生态菌物能有效解决秸秆利用率低、就地焚烧等问题

大多数的秸秆燃烧值都很低，因此燃烧秸秆获得的社会效益和经济效益都极差。虽然就地焚烧秸秆能加快收种和清除田间残余物的速度，但高温会破坏土壤中的微生物，使土壤耕作层物质和能量的良性循环受到影响（陈亮等，2012）。此外，秸秆就地焚烧还会带来严重的环境问题和社会问题（兰春剑，2012）。利用秸秆栽培菌物可以有效地避免因秸秆焚烧而带来的问题，在循环模式的多级利用中能带来可观的经济效益和社会效益。

菌丝在秸秆基质中分泌的胞外酶（如漆酶、木质素过氧化物酶、锰过氧化物酶、纤维素酶、木聚糖酶等）可以有效降解纤维素、半纤维素和木质素，将粗纤维转化为人类可食用的优质蛋白质，把大分子物质分解成为小分子物质，再使小分子物质参与其他合成反应。菌丝在降解秸秆基质的过程中，自身也获得营养和能量，在菌丝体内合成蛋白质、脂肪和其他成分。梁枝荣等（2002）以玉米秸秆为主料栽培双孢菇，收益在每公顷22.5万元以上，具有较好的社会效益和生态效益。福建省相关企业利用稻草生产双孢菇和姬松茸，增产增收效果明显（翁伯琦等，2008）。因此，利用秸秆栽培菌物不仅可以实现对秸秆的高效利用，还可以发展多种循环模式。

我国利用秸秆栽培菌物的技术处于世界领先地位，对菌物栽培过程中的堆料、用水、覆土、菇房、菌种及环境等均有研究，对影响菌物安全的危害因子及关键

控制点也有许多研究，为利用秸秆栽培菌物提供了理论基础。秸秆二次发酵技术（华尔山，2005）、反季节栽培技术（陈云波和王三宁，2006）、无公害栽培技术等先进技术相继问世，使利用秸秆栽培菌物得到广泛应用。

4. 生态菌物可作为生态环境修复材料

菌糠中含有大量的漆酶、多酚氧化酶及过氧化物酶等多种降解酶类，这类酶不仅可以降解木质素，还能有效地降解萘、菲、芘等多环芳烃类的化合物。将菌糠作为接种剂用于环境污染修复领域的研究越来越多。Lau 等（2003）研究表明，在室温下用 1%的菌糠堆肥材料处理 100mg 多环芳烃，对萘的生物降解率达 82%±4%，对菲的生物降解率为 59%±3%；添加 5%的菌糠堆肥材料于被多环芳烃污染的土壤中，在 80℃下培养 2d 后发现，土壤中多环芳烃含量显著下降。五氯苯酚（pentachlorophenol，PCP）是一种广泛的、持久性的有机污染物。Law 等（2003）将 5%菌糠堆肥材料投入含 2～100mg/L PCP 的废水中，在室温下培养 2d，离心过滤后发现 PCP 去除率达 88.9%。

第6章

生态菌物产业发展存在的问题及其对策

我国食用菌的年产量从1978年占全球食用菌年产量的5.7%发展到2021年的占全球食用菌年产量的80%以上（Chang and Wasser, 2012）。2021年，我国食用菌总产量突破了4 000万t，总产值超过3 400亿元。随着对食用菌在药用领域应用的深入研究，其具有的调节免疫、抗肿瘤、抗氧化、抗衰老、保护神经系统、降血脂、护肝等功能，受到广泛关注（Gao et al., 2011; Gao et al., 2010; Wang et al., 2012），这使社会对食用菌的需求量越来越大，对食用菌生产所需原料的需求量逐渐增加。因此，我们要不断推动食用菌绿色发展与产业转型升级，正视食用菌产业发展过程中出现的品种选育、栽培技术、智能设施、机械作业、原料开拓、产品加工等一系列问题，以科技创新带动生态菌物产品深度开发，以资源挖掘降低生产成本，以品种选育引领高优菌物生产，以废弃菌包利用构建生态菌物循环产业，力求为生态菌物产业持续发展与农民增收致富做出新的贡献。

6.1　生态菌物产业发展及其问题

6.1.1　栽培基质的主要来源与特点

农业废弃物是人类在农业生产过程中所丢弃的有机类物质的总称，主要包括植物性废弃物（如农作物秸秆、林木枝条、杂草、落叶、果实外壳等）、动物粪便、农副产品加工废弃物和农村居民生活废弃物（李鸣雷等, 2007）。随着农业的发展和农产品数量的增加，这些"放错位置的资源"逐年增加（刘振东等, 2012），如何合理有效地利用农业废弃物成为我国面临的一个重要问题。

近年来，不少农村地区出现了地区性、季节性、结构性的秸秆过剩现象，特别是在粮食主产区和部分沿海经济发达地区，农业废弃物被随意堆弃与焚烧现象十分严重，不仅浪费资源，还污染环境，严重威胁交通运输安全。随着食用菌新型栽培基质的开发应用，利用农业废弃物栽培食用菌技术在我国已发展成熟，其推广应用后大幅降低了食用菌的生产成本，并真正实现了将农业废弃物变废为宝。

1. 农业废弃物的分布与主要特点

1）资源分布较广，产量较大

据统计，我国仅农作物秸秆就有近 20 种，年产量约为 7.0×10^8 t，其中稻草 2.0×10^8 t，玉米秸秆 2.0×10^8 t，小麦秸秆 1.0×10^8 t，豆类和杂粮作物秸秆 1.0×10^8 t，花生、薯类和甜菜等秸秆、藤蔓 1.0×10^8 t；畜禽粪便年产量约为 26.0×10^8 t，其中牛粪 10.7×10^8 t，猪粪 2.7×10^8 t，羊粪 3.4×10^8 t，家禽粪 1.8×10^8 t，其他畜禽粪便合计 7.4×10^8 t；林业废弃物（不包括薪炭林）年产量约为 0.5×10^8 t；其他类的有机废弃物年产量约为 0.5×10^8 t（韩鲁佳等，2002），并以每年 5%～10%的速度递增，2020 年我国农作物秸秆总产量为 7.97×10^9 t。

2）有机质含量高，营养丰富

不同农业废弃物的理化性质存在较大差异，除含有碳、氢、氧主要元素外，还含有氢、磷、锌、钙、镁、硫等多种元素（刘振东等，2012）。农作物秸秆的化学组成与食用菌传统栽培原料木屑和棉籽壳的基本相似，主要由纤维素、半纤维素和木质素三大部分组成。畜禽粪便含有大量未消化的蛋白质、矿物质、维生素、粗脂肪和碳水化合物等。因此，农业废弃物可完全满足食用菌生长的需要，而且生产的食用菌产品质量和产量都不亚于使用棉籽壳栽培的食用菌（彭秀科等，2011）。例如，以农业废弃物玉米芯、木屑、棉籽壳、甘蔗渣、稻草粉等为原料，辅加有机氮源（如豆饼、麦麸、米糠、玉米面、棉籽饼等）、矿质元素等进行平菇生产，其生物学效率可达 100%～150%。

2. 农业废弃物在食用菌生产中的应用

食用菌生产是现代农业的重要组成部分，在农业生产中可实现物质与能量的循环转化。食用菌产品不仅能满足人们的蛋白质供应，而且是医疗保健品和功能食品的重要来源，对完善人类饮食结构、提高机体免疫力有着重要的促进作用。食用菌生产可提高农业废弃物的利用价值和再生效率，改善农业生态环境，降低农业生产成本。我国利用农业废弃物生产食用菌的规模与效益水平还落后于欧美等发达国家，如荷兰、德国、美国、日本、韩国等国家都有专业的生产机构利用农业废弃物进行食用菌工厂化生产。双孢菇的生产在欧美国家一直是一个变废为宝的环保产业，其产量与质量均处于世界领先水平。近几年，我国在利用农业废弃物生产食用菌方面做了大量工作，尤其在栽培基质方面进行了多方位的试验，开发了多种利用农业废弃物栽培食用菌的配方，并研发了一系列与食用菌栽培相关的技术装备，正在逐步缩小与欧美发达国家的差距。

20 世纪 50 年代，我国以木屑为主料的食用菌代料栽培技术试验取得成功，并在全世界范围内进行推广。随着食用菌产业的发展，新型栽培基质不断被开发出来，利用农林废弃物制备食用菌栽培基质已成为研究热点。齐志广等（2003）利用玉米秸秆栽培草菇，结果表明试验方案可行，且可降低生产成本。夏敏和王丽（2005）利用棉秆和玉米秸秆、玉米芯等为主料栽培香菇，并与用纯栎木屑为主料栽培香菇进行蛋白质营养对比试验，结果表明采用作物秸秆代料和纯木屑代料栽培的香菇子实体均有较高的营养价值，且二者之间无显著差异。苗人云等（2014）采用花生壳、木屑、玉米芯、油菜秆、黄豆秆、猕猴桃枝、高粱壳等资源部分替代棉籽壳栽培金针菇，结果表明用 30% 的花生壳替代棉籽壳栽培金针菇，产量比单纯用棉籽壳栽培金针菇提高 33.11%，栽培效益明显提高，并显著降低原料成本。周帅等（2006）、陈丽新等（2010）、陈君琛等（2004）、胡燕等（2012）在对食用菌新型栽培基质的研究中，分别测定玉米皮、花生壳、葡萄枝、谷秆及花椒籽中的粗蛋白质含量和粗纤维含量，并通过合理组合与营养强化，完成了对秀珍菇、斑玉蕈、茶树菇等食用菌品种的栽培试验，结果表明农业废弃物与传统栽培料相比，生物学效率有较大的提高。

3. 农业废弃物生产食用菌的主要问题及对策

1）资源性状差异尚不明确

目前，我国食用菌生产主要以木腐菌生产为主，栽培原料虽已向草腐化转移，但大多处于试验阶段或小批栽培阶段，尚未进行大规模的推广和应用。其主要原因在于农业废弃物虽然具备作为食用菌生产栽培原料的潜质，但由于来源不同，理化性状差距较大，各批次的资源质量存在一定的差异。虽然利用新型培养料栽培食用菌的研究取得了一些进展和成果，但仍然存在一些不足。例如，新型材料作为碳素营养物质栽培食用菌的研究远远多于其作为氮素营养物质的研究，这可能与自然界中以碳素营养物质为主的材料种类较多、取材较易有关。

2）缺乏可安全推广的栽培基质配方

目前，尚无针对不同农业废弃物的统一标准栽培基质配方，同类秸秆在同一地区栽培相同品种的食用菌，所采用的栽培基质配方也不统一，因此与大面积推广应用相距甚远。同时，以农业废弃物为主料的食用菌栽培基质含有大量杂菌，在食用菌生长过程中很容易引起感染，给企业和行业带来较大的经济风险与负面影响。因此，要在遵循食用菌生长特性的基础上，明确食用菌生长机理，揭示农业废弃物在食用菌生产过程中的理化特性及生物学特性的变化，形成一套完整的理论体系和科学配方，并推广应用。

3）高效综合利用装备研发不够

农业废弃物主要分布在田间地头，分布广且体量大，其收集、储存、运输和加工等操作基本上需要人工完成，这造成农业废弃物的利用成本上升。同时，利用农业废弃物生产食用菌全程没有形成完整成熟的技术体系，生产工艺与装备得不到升级，成本越来越高。因此，需要加大对农业废弃物的收集、储存、运输和加工等技术装备的研发力度，建立农业废弃物标准化生产示范基地，引导利用农业废弃物生产食用菌的企业向标准化、专业化方向转变，加快农业废弃物在食用菌生产过程中变废为宝的速度，实现农业废弃物资源利用的最大化。

4）可能存在重金属污染

为了推动我国农业废弃物在食用菌生产中的高效利用，须进一步明确不同地区农业废弃物的理化特性，重点明确重金属在农业废弃物中的分布与含量。通过区域性栽培试验，明确各项指标参数，建立利用农业废弃物生产食用菌的规范化技术规程。

5）需要完善标准化技术体系

对新型栽培基质研究而言，比较系统的研究内容是可行性研究、配方筛选、菌种选择、成分分析、营养价值探究、食品安全的论证、工厂化生产栽培工艺的研究、菌糠再利用研究等。因此，需要加快对利用农业废弃物栽培食用菌过程的全面研究，包括最佳配比、适宜添加量、最优转化效率及微生物种群特性变化等系统研究，建立农业废弃物标准化技术体系，推动农业废弃物在食用菌生产中的应用。

6.1.2　优良菌种选育有待加强

食用菌产业的发展在一定程度上依赖于菌种，目前我国食用菌生产面临着菌种产量低、抗力弱等现状，影响了食用菌产业的进一步发展。自 20 世纪 80 年代以来，随着不同技术方法在食用菌育种领域的广泛运用，食用菌育种研究取得了一系列进展与成效。

1. 选择育种

选择育种是人工定向选择自然条件下发生的有益变异，通过长期去劣存优，逐步选育出新品种的方法。选择育种是最古老、最简单的育种方法，是各种育种方法的基础。谭伟等（2002）驯化选育长根金钱菌新品种，发现其与主栽品种相比，具有产量高、品质优、抗常见杂菌能力强等优点。刘振钦等（2002）对从长白山采集的野生香菇进行组织分离和品比试验，选育出适合北方代料栽培的优良菌种 9101。周建林等（2010）对浙江省江山市主栽金针菇品种江山白菇进行组织分离，经逐年自然筛选，选育出高产、优质、抗逆性强的白色金针菇新品种 F21-2。

2. 杂交育种

杂交育种一般是指种内不同品种间进行杂交，使遗传基因重新组合，并在杂交后代中筛选出优良新品种的方法。杂交育种利用双亲性状的优势互补或借助其中一个亲本的优点去克服另一个亲本的缺点，其方向性和目的性都比较明确。杂交育种是目前食用菌育种中应用较广泛、效果较显著的育种方法。食用菌杂交育种有单单杂交、双单杂交和多孢杂交。徐珍等（2009）以金针菇菌种 F3-31 和 FM-83 为亲本，经过单单杂交选育出适用于金针菇工厂化栽培的早熟白色优良菌株 G1。贺建超等（2005）以双孢菇菌种 176 和 2796 为亲本，通过单单杂交选育出双孢菇高产菌种。双单杂交是利用布勒现象，通过 1 个双核菌丝体把 1 个单核菌丝体双核化，这种杂交方式主要适用于改良已具备多种优良性状、须进一步改良的菌种。申香 10 号优良菌种的选育就是通过双单杂交完成的（谭琦等，2000a）。多孢杂交是利用多孢在同一时间内快速杂交，及时筛选出杂交菌种的一种方法。多孢杂交多用于金针菇杂交育种，以克服金针菇有性阶段和无性阶段掺杂在一起、无性粉孢子容易干扰杂交工作的缺点（郭美英，1997）。福建三明市真菌研究所通过多孢杂交培育出高产、优质的金针菇"杂交 19 号"，其多年来一直是国内的主栽品种（宋冬灵等，2007）。

3. 诱变育种

诱变育种是利用诱变剂处理细胞群体，使其中少数细胞遗传物质的分子结构发生改变，从中选出具有优良性状的菌种。诱变育种分为物理诱变和化学诱变，诱变剂包括物理诱变剂（紫外线、激光、γ 射线等）和化学诱变剂。物理诱变剂又分为常规物理诱变剂和新型物理诱变剂（离子束、超高压、空间诱变）。化学诱变剂是一类能对 DNA 起作用改变其结构并引起 DNA 变异的物质。常用的化学诱变剂分为碱基类似物和烷化剂，另外还有亚硝酸、吖啶橙和部分金属化合物等。目前，通过紫外线、激光和 γ 射线等进行食用菌诱变育种的试验很多，且效果极其显著（徐志祥等，2004；薛正莲等，2005；Lee et al.，2000）。

新型物理诱变剂诱变简要介绍如下。

1）离子束诱变

离子束诱变以离子束作为诱变剂，弥补了辐射诱变的一些不足，具有损伤轻、突变率高、突变谱广等优点（宋道军等，1999；曾宪贤等，2006）。严涛等（2007）利用低能离子束对猴头菌进行诱变，得到了菌丝多糖显著提高的突变菌种。

2）超高压诱变

超高压诱变会使细胞体积减小、胞内物质浓缩，使细胞内先前互不接触的各种酶与核酸类物质接触，如 DNA 在超高压下会与核酸内切酶接触而发生变化（李荣杰，2009）。在传统诱变剂反复使用、诱变产量提高到极限、品种易发生退化的情况下，超高压诱变有望成为新型诱变育种手段。王岁楼等（2007）利用高静水压处理灵芝菌丝悬液，获得了生物量和漆酶产量大幅提高的突变菌种。

3）空间诱变

在太空特殊条件下，生物的变异频率较高。利用空间诱变来筛选具有高产、优质、抗逆性强等特性的食用菌新品种显得尤为重要。张诚等（2007）将金针菇菌丝体经航天卫星搭载试验后，初步筛选出 7 个产量比原始菌种高且早熟的菌种。

4. 原生质体融合育种

原生质体融合育种是指去除细胞壁后不同遗传类型的原生质体融合而使整套基因组发生交换和重组，从而产生新品种的方法。与上述育种方法相比，原生质体融合育种能克服远缘杂交不亲和障碍，扩大现有品种的遗传变异范围。原生质体一般用菌丝体来制备，也可以用担孢子来制备。目前，种内原生质体融合成功的食用菌有侧耳、草菇、香菇、毛木耳、裂褶菌等。孟祥贤等（2000）的研究表明，用担孢子制备原生质体效果更好。李玉祥等（1997）以爪哇香菇和香菇为亲本进行种间原生质体融合，选育出可结实的融合子新菌株。王澄澈和梁枝荣（2000）用脯氨酸营养缺陷型肺形侧耳（凤尾菇单核体菌种和野生型香菇双核体菌种）进行原生质体非对称融合，选育出一株生长快、出菇早、产量高的优良菌种。Tokimoto等（1998）利用可亲和的香菇单核体进行原生质体融合，结果表明，在原生质体形成和再生的过程中，细胞内遗传物质经常会发生变化，与由单核菌丝交配而来的双核体相比，融合子的子实体产量明显提高。

5. 基因工程育种

基因工程育种是指将人工分离和修饰过的基因导入目标生物体的基因组中，从而达到改造生物、选育新品种、完成超远缘杂交的目的。

1）基因的克隆与转化

获得目标基因是基因工程育种的前提。目前，目标基因的分离和克隆已取得了一些进展，草菇 S-腺苷-L-高半胱氨酸水解酶基因、金针菇 gpd 启动子基因及香菇编码线粒体中间肽酶基因等已被克隆及分析（孙晓红等，2010；张美彦等，2009）。鲍大鹏等（2010）进行草菇全基因组测序，完成草菇全基因组框架图的构建，为草菇基因工程育种奠定了基础。

转化是一种使种内、种间及更远缘的基因得以转移的技术，也是食用菌基因工程育种的一个重要环节。任艳等（2010）采用根癌农杆菌介导法研究糙皮侧耳/平菇菌丝遗传转化的最佳试验条件，结果表明，转移 DNA 中的潮霉素抗性基因已整合到转化子基因组中。Wang 等（2008）利用根癌农杆菌介导法研究草菇菌丝的基因转化效率,在香菇 gpd 启动子的调控下,基因的转化效率提高了 100 多倍,证明转化子的有丝分裂很稳定。为了把尿嘧啶营养缺陷型的糙皮侧耳转化成原营养型,Masahide 等(2002)利用基因枪法成功地将糙皮侧耳/平菇转化子的质粒 DNA 结合在基因组 DNA 上。Zhao 等(2010)将福寿螺的多功能纤维素酶基因通过聚乙二醇(polyethylene glycol,PEG)介导转化到草菇中,试验表明,经转化的草菇,其生物学效率和产量均有大幅度的提高。

2)DNA 分子标记技术

DNA 分子标记技术以 DNA 分子差异为基础,操作简便、客观准确,广泛用于杂交亲本的选择、杂交种的鉴定和亲子遗传相关性分析。目前已开发出数十种分子标记,其中报道最多的是随机扩增多态性 DNA(random amplified polymorphic DNA,RAPD)标记。王泽生等(2001)利用 RAPD 标记对双孢菇杂交菌种 As2796 及其亲本和子代做分子标记跟踪分析,结果表明,随着遗传代数的增加,杂种子代和原始异核体亲本间的遗传差异逐渐增大。傅俊生等(2010)用草菇单孢菌种单 26、单 28 杂交配对得到杂交菌种 2628,经过 RAPD 标记指纹鉴定,菌种 2628 包含了双亲单孢菌种的所有遗传谱带,是一株真正的杂交种。

简单重复序列区间(inter-simple sequence repeat,ISSR)标记是 Zietkiewicz 等(1994)在微卫星标记基础上发展的一种分子标记。ISSR 比简单重复序列(simple sequence repeat,SSR)标记引物设计简单得多,比限制性片段长度多态性(restriction fragment length polymorphism,RFLP)标记、RAPD 标记、SSR 标记能提供更多的遗传信息。江玉姬等(2010)运用 ISSR 标记对 23 个金针菇菌种进行聚类分析,选出遗传距离较远的 5 个菌种,结果表明,用 ISSR 标记可以简便、快速地选择杂交亲本。为了快速、可靠地鉴定双孢菇的同核体,Mahmudul 等(2010)利用 ISSR 标记对 18 个双孢菇菌种进行分析,结果表明,ISSR 标记可以作为鉴定双孢菇的新方法。此外,相关序列扩增多态性(sequence-related amplified polymorphism,SRAP)、扩增片段长度多态性(amplified fragment length polymorphism,AFLP)、SSR 等分子标记也被广泛用于食用菌育种鉴定(Mahmud et al., 2007; Foulongne-oriol et al., 2010; Fu et al., 2010; 王晓敏等,2020)。

6.1.3　菌根食用菌栽培技术有待突破

我们所熟悉的食用菌,如香菇、木耳、灵芝、双孢菇等,均属于腐生食用菌,其种类仅占食用菌种类的 30% 左右;占食用菌种类 70% 左右的是菌根食用菌,如正红菇、松茸、牛肝菌等。根据戴玉成等(2010)的研究,中国境内已发现的食用菌共 966 种,其中 677 种是菌根食用菌。仅从种类上看,菌根食用菌应该在食用菌产业中占据重要地位。在世界有记录的食用菌中,菌根食用菌更贵、更受欢迎,如黑孢块菌、白块菌、松茸、正红菇、美味牛肝菌、鸡油菌和松乳菇等(王琴, 2002)。这些食用菌类不仅美味，还是健康食品，深受发达国家消费者的喜爱。然而，菌根食用菌的栽培方式与腐生食用菌的完全不同，菌根食用菌只有与寄主植物的细根共生形成菌根才能完成生活史，获得有经济价值的子实体。这就意味着菌根食用菌的栽培必须在活树上进行。

1. 菌根食用菌栽培历史

世界上最早以园艺栽培方式取得成功的菌根食用菌是黑孢块菌。18 世纪，法国和意大利的种植者发现在野生黑孢块菌的林下栽植小树苗，靠自然感染获得菌根化苗，之后果园式移植这些菌根化苗建成黑孢块菌园。1977 年，法国宣布利用孢子生产菌根化苗，继而人工栽培黑孢块菌取得成功（王琴, 2002）。之后，在新西兰、以色列、美国、澳大利亚、意大利、西班牙、日本和中国等国家先后有 10 多种菌根食用菌人工栽培取得阶段性成果（张金霞, 2014）。

在国际上菌根食用菌栽培和开发主要依靠引进菌根化苗，模拟该种真菌自然生长和生态条件，建立菌根食用菌种植园。菌根食用菌栽培研究在黑孢块菌、夏块菌、红须腹菌、真姬离褶伞、红汁乳菇和乳牛肝菌等菌根食用菌的半人工栽培方面取得了突破性进展。被誉为林中"黑钻石"的黑孢块菌，是国际食用菌市场上价值最高的食用菌，受到广泛关注。黑孢块菌栽培技术最为成熟，不但在其原产地及周边地区栽培成功，而且在天然没有该菌的澳大利亚和新西兰也栽培成功。关于黑孢块菌菌根合成和人工栽培技术，我国已有较多的综合报道（陈应龙, 2002）。

2. 菌根食用菌栽培条件

能与菌根食用菌形成菌根的植物主要位于南、北温带和亚极地林区。因此，菌根食用菌主要分布在东亚、西欧、北美地区。具有代表性的是东亚地区的松茸、美味牛肝菌、红菇、印度块菌、鸡油菌、干巴菌、松乳菇，北美地区的白口蘑，西欧地区的黑孢块菌和白块菌等。

菌根食用菌对与其形成共生体的植物有特定的要求，树种、植被、林龄及林分密度也影响菌根食用菌的分布。例如：云南松、马尾松等林下，菌根食用菌主要优势菌种是牛肝菌科和蘑菇科；杨树林下菌根食用菌多数为食用菌，少数为药用菌，如乳菇和大孢硬皮马勃等；桉树林下菌根食用菌以硬皮马勃科、红菇科、马勃科为优势菌，也有少数的鹅膏科、根须腹菌科、鸡油菌科、牛肝菌科等。随着林龄的增加，菌根食用菌的种类也不断增加。我国南方 1～5 年生松幼林下，菌根食用菌主要为彩色豆马勃和多根硬皮马勃，5～10 年生松林下仍然以彩色豆马勃为主，但开始出现红菇科、鹅膏科、牛肝菌科的菌根食用菌，10 年生以上的松林下主要是红菇科、牛肝科、鹅膏科的菌根食用菌。林木生长好、林分密度高、光线薄弱，有利于菌根食用菌的生长。

菌根食用菌的生长与土壤因子关系密切，如土壤湿度、pH、营养条件、微生物区系等。土壤表层含水量低于 4%，将严重影响菌根食用菌的生长；土壤表层含水量高于 40%，则有利于其生长。菌根食用菌对 pH 不太敏感，大多数喜欢微酸性环境。土壤中的磷能够促进菌根的形成，但过高的土壤磷含量对菌根的生长具有抑制作用。高氮含量的土壤不利于菌根的生长，但在低氮土壤环境中菌根数量随着土壤中氮含量的增加而增加。土壤中的有机质有利于菌根的发育，土壤中腐殖质成分增加时，不仅使土壤有机质含量增加，还能使土壤酸化，促进菌根的形成。大多菌根食用菌集中生长在森林土壤的腐殖质层。

温度是菌根食用菌生长的决定因子，当环境温度低于 5℃或高于 37℃时，菌根食用菌无法生长。一般菌根食用菌菌丝生长的最适温度为 20～28℃，形成子实体的最适温度微低。湿度是影响菌根食用菌生长及分布的另一个重要因素，子实体的形成和生长阶段，比菌丝体阶段需要更高的空气相对湿度和水分，否则会严重影响子实体的形成。70%～80%的空气相对湿度对外生菌根的形成和子实体形成最有利。

3. 我国菌根食用菌栽培技术的发展

菌根食用菌属共生营养型真菌，无法按照腐生型真菌的栽培方法和技术进行人工栽培。目前主要采用半人工栽培和模拟栽培技术栽培菌根食用菌。

栽培菌根食用菌是森林相关产业除木材外的重要产品和收入来源，甚至被认为是人类从森林中获取的第二大作物。2014 年，我国云南省出口的菌根食用菌产量为 8 万 t、产值 67.8 亿元，是栽培腐生食用菌产值的 2 倍多。

我国研究人员在菌根食用菌栽培方面取得了一些突破。2012 年，我国云南省农业科学院刘培贵研究员等成功引种黑孢块菌（谭著明等，2003）。在改进菌根合成技术的基础上，培育出马尾松与美味牛肝菌菌根化幼苗；在栽培基质、苗龄和接种方式等方面，探讨了菌根共生体形成条件，为实现菌根食用菌人工繁育和栽培提供了理论基础和技术保障（杨智等，2016；李向梅等，2017）。

我国西南地区菌根食用菌分布非常丰富，该地区菌根食用菌有 600 余种，具有重要经济价值和开发价值的有 60 余种，如块菌、松茸和牛肝菌等（戴玉成等，2010；唐超等，2011）。不同种属的菌根食用菌在营养需求上具有显著差异（冀瑞卿等，2013）。乳菇类、红菇类及口蘑类等 10 余种菌根食用菌对硼元素需求量及吸收量明显不同。乳牛肝菌在含有橘皮苷、桑色素、芸香苷及槲皮苷等黄酮类物质的环境中，其菌丝显著生长，而褐环乳牛肝菌在腺苷的作用下，其菌丝迅速生长、分枝和聚集。松茸菌丝体在含有 D-异亮氨酸的环境中生长快速，吲哚乙酸对松茸菌丝体的生长有显著促进作用。以甘露糖和蔗糖作为碳源培养黑孢块菌菌丝比其他双糖和多糖效果好。铵态氮比硝态氮更有利于黑孢块菌菌丝生长，二者混合则培养效果更佳。酪酸能大大提高红菇蜡伞及口蘑类菌根食用菌担孢子的萌发率，而对白黑拟牛肝多孔菌和褐盖肉齿菌担孢子萌发率的促进效果稍差。

4. 菌根食用菌栽培效益

与腐生食用菌栽培不同，菌根食用菌的栽培不需要砍木头，却必须栽树。共生菌根食用菌可以促进树木生长、土壤改良，形成健康的森林生态，带来经济效益的同时，也带来生态效益与社会效益。

首先，菌根食用菌扩大宿主林木根系的吸收面积，提高根系的吸收力。有研究表明，树木将其光合产物投入到菌根促进菌丝形成的投资效益比投入到根系生长高得多（陈柳英, 2015; Deng and Duan, 2020; Wang et al., 2018）。同样的投入，菌丝的吸收面积和吸收长度比根系多 10 倍和 1 000 倍。菌根可以转化无效态或迟效态氮、磷、钾为可利用的速效态氮、磷、钾，吸收并转运这些植物营养物质供宿主林木利用。菌根还能分泌抗生素，起抑制病虫害的作用。

菌根食用菌能够提高林木在重金属、高盐、干旱及病虫害等环境下的抗胁迫能力，在土壤的修复过程中起重要作用（杨智等, 2016）。菌根食用菌的菌根能有效调节土壤微环境，减少林木根际区重金属的聚集，增强林木对重金属的耐受性。菌根食用菌能提高林木抗病虫害的能力，产生能够抑制病原菌的化学抑制剂和酶类。菌根食用菌与林木共生，提高了林木在不良环境下的抵抗力。

其次，菌根食用菌在维持森林的生物多样性和生态平衡等方面发挥着积极的作用。外生菌根的存在直接或间接影响森林生态系统中的物种多样性，如影响森林生态系统中微生物的种类、数量和活性，间接影响群落层次结构的多样性。有研究表明，森林中的啮齿类动物（如鼠类、飞鼠等）都食用地下真菌，地下真菌的分布直接影响这些动物的生存（陈柳英, 2015）。与此同时，动物的采食和活动，使菌根食用菌的孢子被传播到皆伐迹地、火烧迹地或无林地，对维持森林生态系统的物种多样性发挥积极作用。森林生态系统中的林木还通过分布在森林根系的庞大菌丝网（菌丝桥）将林木根系连成一体，对资源进行平衡调节，维系着整个生态系统的物种多样性。由于长期共生，有些宿主林木因对菌根食用菌长期依赖而成为"必需菌根植物"，如松科和壳斗科植物，离开菌根食用菌共生则无法成林（王琴, 2002; 谭著明等, 2003）。

6.1.4　菌糠循环利用与模式

食用菌生产后的废弃物——菌糠，不仅可为动、植物提供营养丰富的饲料和优质有机肥，还可作为二次栽培食用菌的原料，从而实现有机物质的循环利用。随着食用菌产业的发展，大量食用菌菌糠产生，探索一条高效利用食用菌废弃物的途径成为国内外学者的研究热点（张金霞，2009；尹昌斌等，2006）。

1. 菌糠常规利用方式

1）作为肥料或堆肥原料

菌糠中含有丰富的菌体蛋白、多种代谢产物及未被充分利用的营养物质（Buswell, 1994; Ragini et al., 1990），是较好的堆肥原料。经堆肥处理形成的菌糠肥料比用秸秆堆沤的肥料有更多的可给态养分和更好的增产效果，如以菇渣为原料，加入一定量的钾、磷进行堆肥，可进一步生产优质复合菌肥。胡清秀和卫智涛（2011）研究发现，双孢菇菌糠经堆肥处理后，用作水稻基肥，与当地常规施肥方式相比增产 20.55%，与不施肥处理相比增产 44.18%。菌糠还能起改良果园土壤、增加土壤通透性、改善土壤理化性质，提高水果品质、增产增收的效果。Tsaoir 等（2000）研究发现使用发酵后的菌糠作为有机肥有利于控制果园杂草。此外，把菌糠与土壤混合后堆积，自然发酵后作为花卉基质，可改善土壤理化性质（Chong and Rinker, 1994）。利用菌糠发酵产物与其他基质混合栽培蔬菜，既能降低生产成本，又能提高蔬菜产量和品质（Maher, 1994）。但是，菌糠处理过程尚不完善，菌糠处理效果也无具体的评价标准，加之不同食用菌菌糠的营养物质种类和含量存在差异，施用地作物种类及施用量也不尽相同，因此菌糠有机肥成品并未在生产上大幅应用。

2）作为畜牧饲料添加剂

在食用菌菌丝的生长过程中，随着酶解反应的完成，其副产品中的木质素被降解了30%，粗纤维被降解了50%，粗蛋白质由原来的2%～3%提高到10.03%～17.43%，氨基酸含量为0.5%～0.6%，特别是含有多种畜禽体内不能合成的、一般饲料中又缺乏的必需氨基酸和菌类多糖。因此，菌糠是一种很好的畜牧饲料添加剂。但目前菌糠中纤维素含量较普通饲料高，可能会导致一些家畜需要较长时间来利用菌糠的养分，存在家畜消化不良的风险。因此，对于菌糠饲料的开发还有待研究。此外，还需要有针对性地对不同种类菌糠在动物饲料中的添加量及配比进行研究，以确定最佳方案（卢磊等，2022）。

3）作为食用菌栽培原料

有些食用菌对原料的利用率不高，其菌糠可以用来栽培其他食用菌。选择未被杂菌污染的菌糠，进行剥袋、打碎、建堆发酵及灭菌等处理，可用于平菇、草菇、鸡腿菇、双孢菇等草腐菌栽培。已有研究表明，以白灵菇菌糠栽培平菇、元蘑、鸡腿菇，以杏鲍菇菌糠栽培草菇、双孢菇，以金针菇菌糠栽培杏鲍菇、猴头菇、鸡腿菇、猪肚菇、金福菇等，产量高，生产效益显著（林群英等，2016；张维瑞等，2017；王妮妮，2021）。菌糠的二次利用须结合目的食用菌种类，经试验栽培后才可确定最适配比。

4）作为燃料

将出菇后的菌糠晒干保藏作为燃料，用于栽培基质的灭菌，目前已在生产中得到广泛应用。但随着代料栽培模式的不断推广，越来越多的栽培基质采用聚丙烯塑料袋作为容器。塑料袋燃烧伴有浓烟，可能产生强烈刺激性气体，甚至剧毒致癌物，污染大气环境。近年来开发的剥袋机解决了脱袋困难和菌袋回收利用难的问题，另外，生物质气化炉提高了热值和气化效率。

5）生产沼气

菌糠可以作为禽畜养殖垫料，分解禽畜粪便中的微生物。薛堂荣等（1989）以稻草为对照，采用厌氧技术研究以菌糠为原料进行沼气发酵的细菌组成、数量分布及其与产气的关系，结果表明菌糠产气效果优于稻草。

6）作为生态环境修复材料

涂响等（2006）研究香菇菌糠吸附水体中 Pb^{2+} 的吸附机理与性能，结果显示，菌糠吸附速度较快，30～50min 可以达到平衡，在 pH 为 4.09～6.00 时，有较高的吸附效率，菌糠中羧基、磷酰基、酚基是吸附的主要官能团。

2. 菌糠循环利用生产模式

近年来，对食用菌产业循环与高效转化模式及其技术的研究不断深入，并取得良好的进展与成效。由于食用菌产业独特的物质循环特性，其在由林业、种植业及养殖业组成的大农业生态体系中处于"还原者"的重要地位，是农业循环经济中原料和能量循环的"枢纽"。食用菌产业典型秸秆高效循环利用模式见图 6-1。

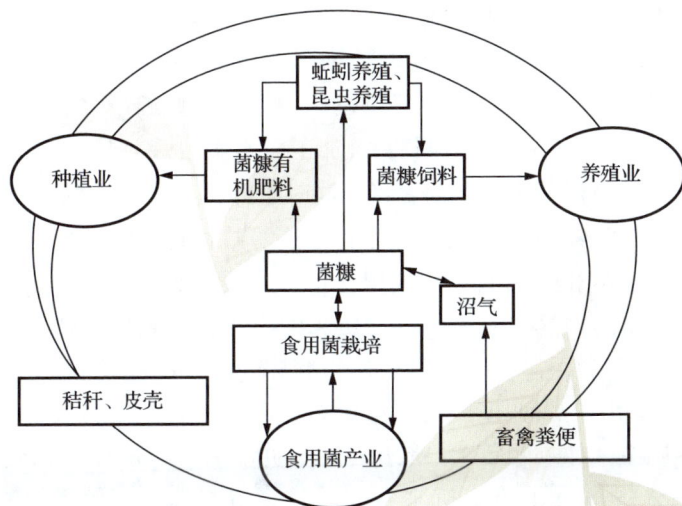

图 6-1　食用菌产业典型秸秆高效循环利用模式

1）作物—菌物多级循环利用生产模式

这种模式将大田作物秸秆、谷物糠麸、棉籽壳和甘蔗渣等作为培养食用菌的原料，将食用菌菌糠和菌床废弃物作为大田作物的肥料，并根据食用菌与作物生态互补互促关系采用大田套种或轮作的种植方法。例如，福建省漳州市食用菌企业以玉米芯、甘蔗渣、麦麸为主要原料规模化栽培杏鲍菇，用杏鲍菇菌糠栽培草菇或双孢菇，将双孢菇菌糠堆肥处理后加工成有机肥回田利用（胡清秀，2015）。天津市蓟州区食用菌企业以棉籽壳、麦麸等为主要原料栽培白灵菇，用白灵菇菌糠栽培平菇或草菇，将平菇或草菇菌糠经发酵处理生成有机肥回田利用。利用食用菌废弃物生产有机肥，有效解决了食用菌产业发展的瓶颈问题，增加了经济效益和社会效益，推动了食用菌产业的健康发展。

2）作物—菌物—畜禽循环利用生产模式

这种模式是将大田作物秸秆、谷物糠麸、棉籽壳和甘蔗渣等用作培养食用菌的原料。菌糠可作为农作物优质有机肥，也可作为畜禽饲料发展养殖业。畜禽粪便既可以作为农作物有机肥，也可以与农作物的秸秆一道作为栽培食用菌的原料，进一步提高农业资源的利用率。

3）稻—菇—畜循环模式

利用水稻产区的稻草资源，在收获二季水稻后，于冬闲季节在稻田栽培食用菌。菌糠既可作为稻田的优质有机肥，培肥地力，减少早稻生产中的病虫害和用药量，降低水稻生产成本，又可作为畜禽饲料，降低畜禽饲养成本。这种模式可带来显著的经济效益、社会效益和生态效益，对于保护和改善生态环境、培肥地力及稳定我国水稻生产具有重要意义。

4）作物—食用菌—蚯蚓—作物循环利用生产模式

用菌糠养殖蚯蚓比用马粪发酵养殖蚯蚓效果好。蚯蚓不仅具有较高的药用价值，还是轻化工农业不可缺少的原料；可加工成高蛋白营养品及畜禽高蛋白饲料，还可用来提炼一种防治脑卒中的蚓激酶；同时蚯蚓粪便是一种很好的花肥。因此，用大田作物秸秆、谷物糠麸、棉籽壳和甘蔗渣等栽培食用菌，用食用菌的菌糠养殖蚯蚓，通过食用菌和蚯蚓的二次利用将秸秆等农业废弃物转变为社会生产、人民生活所需要的资源产品，从而达到变废为宝、化害为利的目的。

5）工农业副产品—昆虫—菌物—作物循环利用生产模式

这种模式即利用工农业副产品（如锯末、酒渣、甘蔗渣、豆腐渣）加适量米糠、麦麸培养昆虫（如蝇蛆等）。蝇蛆的蛋白质含量高，可作为动物优质添加饲料，也可以用来提取几丁质、抗生素、凝集素等物质。养殖蝇蛆的废弃物通过灭菌处理，可以作为食用菌生产原料，反之，食用菌菌糠含有丰富的菌体蛋白，也是蝇蛆幼虫喜爱的食物，只要添加一些辅料（如麦麸、米糠等），就可以养殖昆虫。昆虫粪便或菌糠又可以增加土壤地力，使农作物增产。

6）农作物—食用菌—沼气循环利用生产模式

这种模式是将大田作物秸秆、谷物糠麸、棉籽壳和甘蔗渣等用作培养食用菌的原料，将食用菌的菌糠放入沼气池发酵，产生沼气，提供能源，而沼气的废渣又是优质有机肥；沼气废渣经处理后，可作为食用菌生产原料再次进入循环；沼气废液作为优质有机肥还田。

7）畜禽—沼气—食用菌—农作物循环利用生产模式

这种模式由福建省农业科学院农业生态研究所提出，由生猪养殖、沼气工程、沼液利用和固体废弃物处理 4 个部分组成，具体步骤是：将沼渣和猪粪进行固体废弃物处理后用于生产食用菌，用食用菌菌糠、沼渣、猪粪生产有机肥，将有机肥施用到蔬菜、农作物、牧草种植及鱼饲养系统，将收获的牧草作为生猪养殖系统的饲料，完成整个系统的闭合循环。

3. 食用菌产业循环利用有待加强

在我国现代循环农业实践中，食用菌产业对农业系统内农业废弃物资源的多次循环和转化，对农业增效、农民增收、环境协调发挥了重要作用。然而，食用菌产业循环利用的发展仍然缺乏理论研究和关键茬口衔接技术。因此，要进一步强化以下 4 个方面的研究。

1）进一步加强秸秆资源循环利用与食用菌产业耦合发展研究

发展废弃物资源化产业和环境保护产业，能够实现资源互补，扬长避短，提高资源总体利用率和效益（刘书楷等，2004）。建立以食用菌产业为纽带的农业资源循环利用模式，可使农业系统中的废弃物在生产过程中得到多次循环利用，从而获得更高的资源利用率。建议各食用菌主产区的农业管理部门及技术推广部门，要协同食用菌专家，根据本地区农业废弃物资源和农业发展特点，制定食用菌产业循环利用技术标准与规范，控制废弃菌包、菌糠的随意堆放，清洁生产环境，提高菌糠机械化处理水平，充分利用菌糠开发新兴产业，并制定适当补贴或奖励制度，增加农民收入，促进食用菌产业健康稳定发展。

2）进一步加强关键茬口衔接技术与高效循环利用技术研究

目前，我国菌林矛盾问题依然存在。因此，需要开展以小麦、玉米、水稻、豆类等作物秸秆为原料的食用菌栽培技术、不同食用菌产业循环利用模式下的食用菌栽培技术、食用菌菌糠高效利用技术和食用菌产业循环利用过程中形成的产品质量安全技术等研究，如食用菌与大田作物套种技术、菌菜套种技术等。

3）进一步加强食用菌产业循环农业基础理论与技术研究

食用菌产业循环利用可以将农业废弃物"变废为宝、变弃为用、变害为利"，为降低农业能源投入品消耗、减少农业温室气体排放、发展低碳农业做出重要贡献。食用菌产业循环利用技术涉及微生物学、农业环境学、栽培学、遗传育种学、生物化学等多个学科，因此迫切需要应用循环农业的理论指导，提高食用菌产业与种植业、畜牧业等相关产业的整体效益。

4）进一步加强食用菌产业循环利用技术培训与产业化开发推广

食用菌产业循环利用技术涉及面较广，技术集成开发时间短。因此，应选择具有代表性的区域，在农户、乡村、园区、区域等多层面开展食用菌产业循环利用培训，培养一批骨干技术人员，以点带面，抓好示范工程，不断积累食用菌产业循环农业技术经验，并从政府层面制定相应政策措施，促进食用菌产业循环利用技术推广应用。

6.2　世界生态菌物生产发展趋势

6.2.1　菌物生产呈现多元化发展

1. 双孢菇发展历史

双孢菇栽培起源于法国，至今已有 400 多年的历史。16 世纪中叶，法国人在菜园未经发酵的非新鲜马粪上栽培双孢菇。17 世纪，法国实现了双孢菇的人工栽培。这项技术虽然不能完全获得预期的产量，但作为皇室园艺技术被严格保密了 200 年左右。17 世纪中叶，法国人用清水漂洗双孢菇成熟的子实体，然后将漂洗液洒在甜瓜地的驴、骡粪上进行出菇。1707 年，被称为"双孢菇栽培之父"的法国植物学家托尼·福特（Tony Ford）用长有白色霉状物的马粪团在半发酵的马粪堆上栽种双孢菇，覆土后长出了子实体。1754 年，瑞典兰德贝里（Landberg）进行了双孢菇的周年温室栽培。1780 年，法国人开始利用山洞或废弃坑道栽培天然菌种。1865 年，双孢菇人工栽培技术经英国传入美国（许广波等，2001；钟顺昌等，2019）。

双孢菇菌种的提纯、制备与改良有 100 多年的历史。1894 年，康斯坦丁（Constantine）等首次制成双孢菇"纯菌种"。1905 年，达格尔（Duggar）发明并公布了双孢菇纯菌种的培养方法。1929 年，美国兰伯特（Lambert）提出子实体能从单孢子萌发的菌丝中产生，并公开了用孢子和组织培养物制种的秘密（陈士瑜和陈惠，2003）。1932 年，辛登（Sinden）发明了双孢菇谷粒菌种的制作技术。20 世纪 30 年代末，在纯菌种和谷粒菌种的基础上，标准化菇房在美国诞生。纯菌种、谷粒菌种、标准化菇房的出现极大地促进了双孢菇产量的提高，推动了欧美国家食用菌生产的工业化、集约化和产业化（钟顺昌等，2019）。在此基础上，20 世纪 60 年代中后期，欧美国家实现了双孢菇的工业化栽培。

1934 年，美国兰伯特把双孢菇培养料堆制分为两个阶段，即前发酵和后发酵，极大地提高了培养料的堆制效率和质量。目前，国外许多菇场采用箱式多区栽培系统，将前、后发酵，菌丝培养，出菇等分别置于具备各自最适温度、湿度的培养室内，并配有送料、接种、覆土装置，年栽培次数一般可达 6 次，极大地提高了工作效率与菇房设施的利用率。此外，爱尔兰等国家还发展了塑料菇房袋式栽培等模式。1948 年，法国培育出索米塞尔（Somycel）磨菇菌种。1950 年美国培育出奶白、棕色和白色等双孢菇菌种（钟顺昌等，2019; 王泽生等，2012）。

早期的选种基本采用多孢分离筛选法，改良菌种的进程缓慢。我国对多孢分离筛选法的研究约有 30 年，始终没有产生有明显改良性状的菌种。多孢分离筛选法在遗传上均一性大于变异性，理论上难以获得具有性状明显改良的变异株，因此要有效地选育新菌种，需要采用别的方法。单孢分离筛选法比多孢分离筛选法有更大的概率获得性状明显改良的新菌种。尽管单孢分离筛选法比较费时，但能获得比较好的菌种（Fritsche, 1972; Kneebone et al., 1976）。1983 年，福建省蘑菇菌种研究推广站从一些菌种中分离出近千个单孢培养物，获得 10 株种性表现较好的新菌种，其中"闽一号"菌种曾被广泛应用。

多孢分离筛选法和单孢分离筛选法为双孢菇商业性栽培提供了许多重要的菌种，但是这些菌种存在高产菌种不优质、优质菌种不高产的缺点。为了选育高产、优质的菌种，育种家着眼于对杂交方法的研究。杂交在动植物育种中的应用有长久的历史和巨大的成就。1972 年，雷珀（Raper）、埃利奥特（Elliott）等对双孢菇生活史进行了详细的研究，并利用遗传标记分析，揭示了双孢菇杂交育种存在的两个障碍：一是双孢菇具有独特的遗传特性，其担子上的两个孢子大多具有异核且自身可育；二是双孢菇的同核体与异核体间没有形态上的差异，即异核体也不形成锁状联合。随着对双孢菇遗传研究的不断深入，双孢菇选育种工作也取得了进展。Fritsche（1981）利用双孢菇不育单孢子杂交配对，以恢复可育性为标记选育杂交菌株，首先育成纯白色品系和米色品系间杂交的双孢菇品种 U1 和 U3，并在欧洲得到广泛使用（Fritsche, 1991）。1989 年，福建省蘑菇菌种研究推广站王泽生等采用分子标记辅助杂交育种技术，育成高产、优质、耐热的双孢菇杂交品种 As2796（Wang et al., 1995），该品种在我国广泛使用了 20 多年。现在世界各国使用的双孢菇商业菌种几乎均为杂交品种 U 系列或 As2796 系列的后代（Bueno et al., 2008）。目前，双孢菇选育种技术逐渐进入基因工程阶段。

2. 亚洲食用菌产量稳步增长

日本是食用菌栽培多样化的国家，20 世纪 50 年代后香菇段木栽培技术迅速发展。日本香菇段木栽培的人工纯菌种技术、人工接种技术和科学化栽培管理技术，引领世界香菇产业发展达半个世纪之久。20 世纪 50～70 年代是日本香菇产业的黄金发展期。1960 年，日本产香菇 4.8 万 t，1970 年产量提升至 16 万 t，1970～1990 年产量基本稳定。20 世纪 70 年代初，日本完成瓶栽模式木腐菌工厂化栽培技术的研发并投入生产，此后，其工厂化栽培食用菌生产规模稳步扩大。日本工厂化栽培食用菌种类从 20 世纪 70 年代的金针菇一种，逐渐增加到 2000 年的滑菇、灰树花、杏鲍菇、白灵菇、斑玉蕈、离褶伞、香菇等数十种，日本成为木腐食用菌工厂化栽培技术领先的国家。1980～2010 年，日本工厂化生产技术给食用菌产业注入了活力，保证了产业持续稳定发展，弥补了香菇减产导致的消费市场食用菌供应的不足。2000 年、2010 年、2015 年日本食用菌总产量分别达到 34.4 万 t、42.9 万 t 和 44.3 万 t。

经过几十年的持续探索和改进，日本和韩国的木腐菌工厂化生产技术走到了世界的前列。随着工厂化对菌种质量和菇房利用率要求的不断提高，日本食用菌产业突破多年的固体菌种技术，开始普遍使用液体菌种技术。液体菌种技术的使用有效缩短了食用菌生产周期，在提高产量的同时提高了菇房利用率。2007 年，日本起源生物技术株式会社还原型液体菌种技术成熟，进入商业推广阶段。该技术将液体培养的菌种浓缩为菌丝块，使其在 5℃能保存 30d。为了满足对高产的要求，日本研发了分别适用于斑玉蕈、杏鲍菇和灰树花的增收剂，使这几种食用菌普遍增产 10%～30%（张金霞等，2015）。近年来，越南、泰国、印度尼西亚、印度和马来西亚等东南亚国家食用菌产业也迅速发展。

3. 非洲食用菌产业处于起步阶段

食物供给不足一直是非洲经济和社会的主要问题。鉴于中国食用菌产业在助农致富中的作用，近年来纳米比亚、赞比亚、坦桑尼亚、肯尼亚、埃及等非洲国家都陆续开始进行食用菌生产。非洲满足高端市场需要的双孢菇工厂化成套栽培技术引自欧美，而农业式糙皮侧耳栽培技术引自我国（张金霞等，2015）。福建农林大学国家菌草工程技术研究中心连续十几年在非洲多国推广以草代料栽培食用菌技术，形成了新兴的菌草产业，累计培训技术骨干超过 4 万人。吉林农业大学食药用菌教育部工程研究中心帮助中国食用菌产业抢占国际食用菌育种新高地，针对赞比亚高原热带气候，首次集成创新 8 个适宜当地栽培的食用菌品种和配套生产技术体系。

4. 食用菌产业呈多元化发展

食用菌产业是现代农业的重要组成部分，在农业生产中起承载与传递的作用，并可实现物质与能量的循环转化。在食用菌生产过程中，培养料物质结构发生质的变化，可使原料纤维素含量降低 50%、木质素含量降低 30%、粗蛋白质含量增加 6%～7%、粗脂肪含量增加 1 倍左右，并利用这些分解产物产生大量可以利用的菌体蛋白（子实体）（张保安等，2012）。农业废弃物在国外食用菌生产上的应用成效较为突出。其中，欧美食用菌的生产和消费主要以双孢菇为主，以作物秸秆与畜禽粪便为栽培原料进行双孢菇工厂化、专业化生产。亚洲食用菌的生产主要以木腐菌为主，日本和韩国的木腐菌工厂化生产走在世界前列。近年来，东南亚国家食用菌产业发展较快，其食用菌生产以木腐菌为主，主要为香菇等常见的木腐菌品种。纳米比亚、赞比亚、坦桑尼亚、肯尼亚、埃及等非洲国家都陆续开始了食用菌的产业化生产。现阶段，欧美双孢菇的工业化生产，已形成专业化、集约化、规模化、工厂化、机械化甚至自动化生产体系。专门从事双孢菇菌种生产的美国某公司已在全球建立了十多家连锁企业。荷兰某培养基公司建有大型发酵隧道，将发酵的优质培养料直接或接种后供应给农户，其生产的培养料年栽培次数可达 6 次，极大地提高了工作效率与菇房设施的利用率。近几年，我国研发了一系列与栽培相关的技术装备（王明友等，2016）。范凌云等（2006）利用稻草进行蘑菇大棚栽培试验，效果非常显著。袁建生（2008）进行了玉米秸秆、小麦秸秆与猪、牛、羊粪便混合发酵后栽培姬松茸的试验。苗人云等（2014）采用花生壳、木屑、玉米芯、油菜秆、黄豆秆、猕猴桃枝、高粱壳等资源部分替代棉籽壳栽培金针菇，栽培效益明显提高，并显著降低了原料成本。

6.2.2　"一带一路"共建对世界菌物生产的影响

"一带一路"共建为食用菌产业走向世界提供了良好机遇。食用菌产业是"一带一路"共建的新选择。"一带一路"共建各国都有长期食用食用菌的饮食习惯，因此食用菌有巨大的消费潜力。近年来，我国与美国、日本、韩国、俄罗斯、赞比亚、坦桑尼亚等国家开展了食用菌栽培技术合作，组织企业和合作社参与"一带一路"共建国家的食用菌产业开发经营。2015 年，我国食用菌产品出口金额为30.5 亿美元，其中对"一带一路"共建国家出口额达到 17 亿美元，占食用菌当年出口额的 55.7%。2015 年，我国对"一带一路"共建国家的农产品出口总额约为218 亿美元，其中食用菌的出口额占 8%。通过"一带一路"共建模式，中国的食用菌产业完全可以走出国门，走向世界。

尽管近年来我国食用菌产业取得了辉煌成就，但由于食用菌产业是劳动密集型产业，需要在生产中实现各环节的无缝对接，包括从设施、设备到菌种等方面核心技术的衔接，我国食用菌产业在发展过程中还存在一些制约因素。我们要借助"一带一路"共建，从以下几个方面增强国际交流与合作。

1）菌种选育与交流

菌种是食用菌产业发展的基础。目前我国食用菌工厂化栽培使用的菌种大多是外国菌种，自主品种严重缺乏。目前我国食用菌市场中异物同名和同物异名现象尤为严重。同一个品种在不同地方甚至不同企业具有不同名字的现象比比皆是，如虫草，有很多品种都统称为虫草，实际上只有冬虫夏草才能严格被称为虫草，其他品种虽然也叫虫草，但其疗效、作用部位完全不一样。食用菌产业要走出去，必须克服菌种方面的问题，如菌种混乱、品种混杂、质量标准不统一等。

2）质量标准与应用

我国食用菌产业发展最重要的一点是要统一行业标准，生产全过程的可控是实现产品质量安全的关键。关于行业标准化，国际上有许多值得借鉴的经验，但目前我国要实现从田头到餐桌全过程的安全，并且每个环节都有技术标准，还有很长的路要走。真正把食品纳入公共安全体系，提出最严格覆盖全过程的监管制度，建立食品产地可追溯的质量标识制度，是世界食用菌产业的共同发展方向。

3）资源利用与共享

食用菌产业应实现农业废弃物的资源化利用。食用菌是农业生态链中的还原者，是连接种植业、养殖业等多个产业的关键。食用菌人工栽培是以农业有机废弃物（如玉米芯、棉籽壳、锯木屑、牛粪、鸡粪等）为原料生产食用菌产品的过程，在得到子实体的同时，菌渣可以作为动物饲料或有机肥，实现有机物质的循环反复利用，实现农业生态环境的良性循环。利用农业有机废弃物栽培食用菌，可改变传统资源浪费型农业，实现"点草成金、化害为利、变废为宝、无废生产"，是农业有机废弃物综合开发利用的一条最有效、最持久的捷径。

4）精深加工与增效

食用菌精深加工产品因其天然、安全、富有营养和具有调节人体多项生理功能的药用价值而赢得越来越多人的青睐，市场潜力巨大，前景诱人。以功能性食品、即食食品为代表的食用菌精深加工是未来食用菌产业的发展方向。就发展中国家而言，食用菌的精深加工能力明显不足，食用菌精深加工产品少、产品附加值低。因此，我国食用菌产业亟须从目前的粗加工阶段转为精深加工阶段。

5）机械设备与研发

我国食用菌产业缺乏轻简化的机械设备。由于我国食用菌产业一家一户和地域广阔分散的特点，不适合把欧美大型机械引入我国。应按照我国国情和农业生产特点，研发适合我国实际生产情况的轻简化设备，这是我国食用菌产业发展的方向。

6）食用菌产业文化与弘扬

我国食用菌产业文化尚未真正形成。我们应该把传统的中医药学理论和生态学理论应用到食用菌产业中，形成真正具有中国特色的食用菌产业文化。

"一带一路"共建，是相互学习与相互促进的过程。我国食用菌产业的现代化之路必须摆脱欧美的大型机械化设备，也必须摆脱日、韩机械化周年生产木腐菌金针菇的套路，走出具有中国特色的符合中国国情的食用菌生产现代化之路。
应瞄准现代农业和大健康产业需求导向，树立食用菌产业和工业化思维理念，依
托我国特色资源和政策优势，以食用菌产业文化和科技创新为两翼，以食用菌精
深加工和品种选育为主攻方向，以品牌和质量升级为重点，以过程自动化、品种
多样化、设施轻简化、管理标准化、利用高值化等为内涵，走具有中国特色的食
用菌产业发展道路，实现我国食用菌强国梦。

6.2.3　珍稀菌物的生产与转型升级

　　世界市场对珍稀菌物的巨大需求，为菌根食用菌的人工栽培提供了良好机遇。
尽管黑孢块菌人工栽培获得成功已有几十年的时间，但是仅有少数黑孢块菌进入
商业化栽培阶段。目前小规模栽培成功的菌根食用菌均采用黑孢块菌的苗圃菌根
化模式，这些菌根食用菌的共同特点是属于早期菌根食用菌，可以在郁闭度较低
的林下形成菌根。大多数中后期菌根食用菌，如松茸、美味牛肝菌、正红菇等均
须在郁闭度较高的林下生长，无法采用苗圃菌根化模式栽培。因此，天然林下菌
根食用菌接种的成败除了与气候资源、共生树种有关外，还与菌源、天然林下菌
根食用菌体系对接入菌根食用菌的兼容性等因素密切相关。福建正红菇是深受当
地群众喜爱的地方名菌，面临资源衰竭的境况。福建正红菇创新团队通过十几年
的努力，于 2012 年试种正红菇成功，解决了天然林下人工菌源技术、天然林下菌
根合成技术、调整林下菌根食用菌群技术等一系列栽培技术问题，也解决了正红
菇林下新增红菇窝和扩展红菇采摘面积的难题。该团队研发的一代和二代正红菇
增产技术，使正红菇的产量提高 3～4 倍，新增产值约 5 亿元。更吸引人的地方在
于，正红菇人工栽培技术的成功，开启了更多菌根食用菌人工栽培的大门。

1. 国际珍稀菌物研究现状

　　目前国际上菌根食用菌栽培被作为珍稀菌物开发的主要内容，其依靠引进菌
根化苗，模拟该种真菌的自然生长和生态条件，建立菌根食用菌种植园，进行半
人工栽培或模拟栽培。暗褐网柄牛肝菌能够在无寄主植物的条件下，于接种 20～
30d 后的无肥料土壤中形成真菌原基，进而发育成子实体（Ji et al., 2011）。Sanmee
等（2010）研究表明这些菌具有腐生菌的特点，其菌根关系尚有待进一步研究，
其是否为菌根食用菌也有待探讨。

　　在改进菌根合成技术的基础上，付绍春等（2009）培育出马尾松与美味牛肝
菌菌根化苗，并探讨了基质、苗龄和接种方式对共生体形成的影响，这些研究为菌
根食用菌的繁育和栽培提供了理论支持和技术保障（Parladé et al., 2004; Pruett et al.,
2008）。菌根食用菌对寄主树种有一定的专一性。一般认为不同菌种与不同种属和
地域的树种形成菌根的能力不同。例如，源于日本和芬兰的松茸菌种与苏格兰松

和挪威云杉形成菌根的能力有所不同（Vaario et al., 2010），因此，选择适宜的寄主树种是十分必要的。Yamada 等（2009）发现来自斯堪的纳维亚、地中海、北美和西藏地区的口蘑与来自远东地区的松茸和赤松形成的菌根系统相似，因此可以选择性地引种以提高口蘑或松茸的产量和质量。Danell 等（1997）获得了鸡油菌菌丝纯培养方法，在欧洲赤松上人工合成了菌根，并从该菌根苗上收获了幼小的子实体。

为了促进菌根发育，对促进其生长的细菌的利用进行了尝试。研究发现，两种土壤细菌（青枯雷尔氏菌和枯草芽孢杆菌）能有效促进点柄乳牛肝菌菌丝生长，进而促进日本黑松和点柄乳牛肝菌共生（Kataoka and Futai, 2009）。枯草芽孢杆菌能够促进土生空球菌菌丝生长，显著促进点柄乳牛肝菌与松树共生，但抑制须腹菌生长。可见菌根生长在促进细菌的利用与菌根食用菌之间具有选择性（Kataoka et al., 2009），值得进一步研究。

2. 国内珍稀菌物研究现状

我国野生食用菌资源极其丰富，云南、四川、贵州等地是我国野生食用菌的主产地和贸易区（卯晓岚, 2000; 王向华等, 2004）。弓明钦（2009）在贵州创建的块菌种植园生产黑孢块菌子实体。我国市场价格最高的菌根食用菌为松茸，一级松茸鲜品售价高达 4 000 元/kg，其主要分布于我国东北和西南等地区。不科学的采摘方式和过度采摘，使松茸生态环境被严重破坏，对松茸的可持续性发展造成了极大威胁。

我国在菌根食用菌加工方面有待发展。目前，绝大多数菌根食用菌以鲜品销售，少部分经过初步加工成干品、速冻产品、盐渍品、罐头等形式出口或内销。市场上菌根食用菌只是产业链最初级的原料菇，缺乏精深加工，产品比较单一、技术含量较低、附加值低。开发菌根食用菌产品，可以考虑发展深层发酵技术，生产初级或次级代谢产物，如多糖类物质、胞外酶、凝集素、真菌毒素、抗生素、天然香料等，开发功能多样、品质优良的食药用保健品和医疗用品。

我国菌根食用菌开发和利用存在地区发展不平衡、品种开发不平衡、技术研究不平衡等问题。我国菌根食用菌开发的品种主要集中在松茸、块菌、乳菇、牛肝菌等一些经济价值较高的菌种。以云南为例，已经开发形成商品的食用菌有 40 余种，还不到已知食用菌种类的 5%，仍然具有巨大的开发前景。南方一些适宜林区，如森林公园等，也可以开展菌根食用菌资源及其开发利用的研究。探索菌根食用菌资源与开发新道路，这不仅可以解决当地食用菌市场资源不足的问题，还可以发展林业经济，带动森林旅游业的进一步发展（Chen et al., 2004）。开发菌根食用菌不仅可以创造巨大的经济效益，还符合当今林业发展和生态环境保护的要求。可见，我国在菌根食用菌研究、开发和利用方面面临的挑战与机遇并存。如何加强菌根食用菌研发、确保我国菌根食用菌资源与利用的可持续发展是我们面临的新课题和新任务。

3. 珍稀菌物生产发展趋势

世界珍稀菌物生产的发展趋势主要呈现以下 4 个方面的特点。

1）产业从发达区域向欠发达区域转移

食用菌产业是劳动密集型产业，它从西方向东方转移，由发达国家向发展中国家转移。随着社会的发展，这种转移仍将继续。

2）菌物栽培种类向多样化方向转变

随着世界经济一体化和多元文化的交流交融，食用菌营养和保健功能得到普及，消费人群不断增加，对食用菌的消费需求呈多样化。30 年前，欧美超市的货架上几乎看不到除双孢菇之外的食用菌产品。目前，欧美的单一双孢菇产业格局已经改变，糙皮侧耳、杏鲍菇、金针菇、香菇、灰树花等已在美国、加拿大、澳大利亚等国实现生产。我国具有丰富的食用菌物种资源，食用菌产量占世界总产量的 80% 以上。在传统种类不断扩大的基础上，栽培新品种不断涌现，日益多样化。截至目前已达到 80 多种，形成商品规模生产的超过 50 种，规模化栽培的有 30 多种。

3）生产方式和技术向多样性方面转型

我国具有成熟的食用菌产业化技术，传统生产方式和现代化栽培方式并存。栽培方式在不断创新，从 20 世纪三四十年代段木栽培，60 年代袋料栽培，80 年代开始工厂化栽培，发展到目前的集约化和智能化栽培，可谓蓬勃发展。

4）生产方式向专业化分工方面转变

食用菌生产经历了标准化固定设施（菇房）栽培、工厂化栽培、机械化栽培、智能自动控制栽培、专业化生产等阶段。近百年来，科学技术的进步和工业化的发展使整个食用菌产业链形成了专业化分工，如菌种企业育种和菌种的自主生产、基质配制和制造、菌瓶制作和培养、周年化栽培。这种专业化生产和工业化，使各环节的技术水平发挥到极致，显著提高了菇房、设备设施的利用率和专业技术水平，有效降低了成本，提高了生产效益。无论发达国家还是发展中国家，实现专业化分工、进行专业化生产都将成为必然趋势。在信息技术日新月异的今天，物联网技术正在进入食用菌生产的各个环节，在实现精准控制的同时，可形成可追溯技术体系。

4. 珍稀菌物发展建议

世界上最先以园艺栽培方式取得栽培成功的菌根食用菌是黑孢块菌。随后，经济价值较高的口蘑类和块菌类菌根食用菌也得到比较系统深入的研究。对红菇类、乳菇类、鸡油菌类和牛肝菌类等重要经济菌类的研究仍主要集中在野生菌生态、资源、分类、分离纯化和应用等方面。因此，应着重加强以下几个方面的研究。

（1）针对重要经济、药食兼用菌种，要加强半人工化模拟栽培条件的研究，发展商业化栽培。

（2）加强野生菌根食用菌资源与多样性的调查研究，为建立菌根食用菌种质资源库奠定基础，为后续研究与开发提供基础。

（3）加强菌根食用菌精深加工研发，加强菌根食用菌初级、次级代谢产物的开发和利用等，尤其是对菌根食用菌次生代谢活性物质的研究，如通过一些发酵处理，提高菌根食用菌产品附加值。

（4）加强分子生物学技术在菌根食用菌研究与开发过程中的应用，解除菌根食用菌生长受菌根发育阶段和形态的限制。应用分子生物学技术准确鉴定树种根部菌根食用菌侵染情况，快速判断菌种间的亲缘关系、进化地位及分类，定向改造和利用菌根食用菌的特性，从而为菌根食用菌大规模开发和生产提供研究基础。

（5）加强菌根食用菌生理生化、生态学及菌根系统基础理论研究，如菌根及子实体形成的生理过程与特征等，为人工栽培菌根食用菌提供依据。随着人们对菌根食用菌认识水平的提高和生产技术的改进与完善，菌根食用菌产业将逐步实现半人工化甚至完全人工化栽培，进行大规模产业化采摘和生产，建立精深加工企业和研究开发机构，呈现多品种、多地区、多形式的可持续性发展。

食用菌产量和栽培种类的增加与科技进步密不可分。从 20 世纪 80 年代的人造菇木栽培香菇技术，到多种食用菌栽培技术，改变了多年代料栽培的方式，形成了多种类的袋式立体栽培，使栽培设施利用率倍增，产业效益大幅提高，为乡村食用菌产业发展与农民增收致富提供了有效支撑。

6.3　中国生态菌物生产发展趋势

6.3.1　食用菌生产规模化

我国菌物资源非常丰富，包括黏菌、真菌、卵菌三大类群，其中食药用菌是与我们日常生活紧密相关的重要生物资源。我国是世界上认知和利用食药用菌最早的国家之一。战国时期的《列子》就有"朽壤之上有菌芝者"的记载。公元前239 年，《吕氏春秋》记载浙江香菇"味之美者，越骆之菌"。《神农本草经》记载灵芝有"益心气""安精魂""补肝益气""好颜色""久食可轻身不老、延年益寿"的功效。《礼记》记载的"燕食所加庶羞"，就有"芝栭"。我国也是世界上栽培食用菌最早的国家之一。我国食用菌产业是伴随着改革开放迅速发展起来的，经历了房前屋后的庭院经济、特种蔬菜生产、成片的集约化和工厂化生产 4 个阶段。

自 2000 年以来，我国食用菌进入了工厂化生产快速发展的新阶段。据中国食用菌协会统计，我国食用菌总产量从 1978 年的 5.8 万 t 增长到 2020 年的 4 061.4 万 t（鲜品），集约化规模生产产量已经占食用菌总产量的 90% 以上，成为我国重要的经济作物（李玉，2008；李长田等，2019）。

我国食用菌生产规模化呈现以下几个特点。

1）栽培种类多样化

我国传统食用菌栽培种类主要是木腐菌，如香菇、木耳、银耳、天麻、茯苓等，其中形成商业化栽培的有 50 余种，具有一定生产规模的有 20 种以上。随着世界经济一体化进程的加快和国内人民生活水平的提高，以及国内外市场对食用菌质量和种类要求的不断提高，我国食用菌产业由数量型经济向质量型经济转变。

2）产业集群规模化

我国食用菌产业发展迅速，但存在区域间发展不平衡的问题。据中国食用菌协会统计，2020 年食用菌产量在 300 万 t 以上的有 5 个省：河南（561.85 万 t）、福建（452.5 万 t）、山东（332.53 万 t）、黑龙江（331.77 万 t）、河北（326.57 万 t）；产量超 100 万 t 的有 10 个省（自治区）：吉林（237.75 万 t）、四川（230.44 万 t）、江苏（225.02 万 t）、湖北（140.18 万 t）、贵州（138.58 万 t）、江西（134.10 万 t）、辽宁（126.68 万 t）、陕西（125.99 万 t）、湖南（118.25 万 t）和广西（110.26 万 t）。各省（自治区）已经形成各具特色的产业集群，如福建漳州的双孢菇，浙江丽水、湖北随州、河南西峡和河北平泉的香菇，河南新乡、四川金堂和山东聊城的糙皮侧耳，黑龙江牡丹江和吉林延吉的黑木耳，四川什邡的毛木耳等。

3）品种结构更加优化

经济发展与社会进步带来市场的多样性变化。在传统栽培的大宗种类食用菌产量稳定增长的同时，新增种类食用菌的市场发展空间将更大。虽然目前商业化栽培的食用菌大多数为木腐菌，但其生产并非完全依赖木屑，多数食用菌种类可以全部利用草本原料进行栽培生产。随着国家大力倡导循环经济、加强生态建设和出台林业保护政策，可利用草本原料栽培的食用菌种类将远远超过木屑依赖型食用菌种类。

4）呈现南菇北扩趋势

我国食用菌产业起源于福建、浙江等南方地区，随着经济的发展，南菇北扩已经成为不可阻挡的趋势。推动这一趋势的主要因素在于：①沿海地区工业化和信息化加快了经济结构的转变，使农业向工业化和信息化方向发展；②沿海地区劳动力昂贵，导致产业成本增加，比较优势下降；③多年连续生产导致当地资源逐渐枯竭，现有资源不能满足生产的需求；④北方气候相对干燥冷凉，有利于环境控制和优质产品的生产，能满足食用菌周年上市供应的要求。

近年来，北方大省食用菌产业的增幅一直大于福建、浙江等南方老产区（卢敏和李玉，2005）。随着西部大开发的逐步推进，我国西部食用菌产业正在崛起，四川、江西、广西等都已进入食用菌产量 100 万 t 的省（自治区）行列。甘肃、宁夏、内蒙古充分利用当地的草本秸秆等原料资源和冷资源，开展与内地季节相反的反季节栽培，生产出的食用菌品质优于南方高温下生产的食用菌，且售价高，经济效益好。

5）多种生产方式并存

随着农业产业的现代化，我国区域经济发展不平衡、市场需求不同，为不同生产方式留下了发展空间。近年来，大中小不同规模的食用菌工业化生产、园艺设施的分散栽培、集约化规模栽培和农业专业化生产等不同生产方式共存，各种生产方式在实践中各自完善，逐步提高技术水平和管理水平，提高产品质量，在市场建设和市场秩序不断完善的过程中逐渐提高适应市场竞争的能力。

6）产业链呈有序延长

产业系统效益提高，有助于利益驱动与市场引领。随着人们对食用菌营养和健康功能认识的不断加深，食用菌除了作为菜肴，还可以作为主要原料生产各类强化食品、保健品、调味品、辅助疗品、药品、日用品，如热销的"猴菇饼干"。食用菌生产的菌糠是生态农业的重要原料，可以用来生产有机肥、栽培基质和饲料，有效地延长了食用菌产业链，促进了产业系统效益的提高。

7）科技助力产业发展

我国是食用菌生产和食用种类最多的国家，也是食用菌食品类型最多的国家。面对食用菌产业发展，开展较为系统的基础科学研究及其关键技术攻关，是科技助力食用菌产业升级的关键。随着各类组学、生物信息学、生物技术的快速发展，应用各类现代技术，并与遗传学、生理学、真菌学、化学等跨学科合作，将成为食用菌基础科学研究的必然趋势。这种基础科学的研究，不仅是对真菌生物学的研究，还是对产业发展需求的研究。这种基础科学研究成果的积累，必将构建独立的食用菌科学体系，为食用菌产业技术的持续创新提供理论基础。

6.3.2　食用菌生产产业化

1. 食用菌生产产业化呈现良好态势

1）栽培品种日趋多元化

在食用菌种类不断增多的基础上，栽培新品种不断涌现，形成了大宗品种稳步发展、珍稀菇类较快发展、药用菌异军突起的百菌争艳的局面。

2）食用菌产业优势基地和区域布局不断优化

实现了南菇北移和东菇西移的大格局，形成了黑龙江省东宁市、辽宁省岫岩满族自治县、河北省平泉市、河南省西峡县、浙江省庆元县、湖北省随州市、福建省古田县等一大批全国知名的食用菌主产基地。

3）产品质量不断提高，树立食用菌品牌

国家市场监督管理总局对食用菌的品牌优势日益关注。庆元香菇、古田银耳、通江银耳、黄松甸黑木耳、泌阳花菇、姚庄蘑菇等多种食用菌获得了地理标志产品称号。东宁黑木耳和房县黑木耳已在欧洲得到认证。我国食用菌品牌质量不断提升。

4）食用菌文化氛围逐渐形成

我国是食用菌栽培最早的国家之一，上千年的菇类发展史，积累了深厚的文化底蕴。中国老祖宗在发明"菌"字时已经告诉我们，这个菌不是现在病菌的菌，而是指"蘑菇"，上面是草字头，说明其不是动物，而是植物；下面的"囷"字，根据《说文解字》是"廪之圆者"，意思是指这里放了很多的粮食，是个圆顶的粮仓。很多地方政府通过设立食用菌博物馆、主题园、生态园，出版发行食用菌文化图书、画册，举办食药用菌节会活动等形式，挖掘食用菌文化，将食用菌文化纳入特色休闲观光旅游文化中，使具有千年深厚底蕴的食用菌文化焕发欣欣向荣的生机。

5）食用菌休闲观光业快速发展

随着人们生活水平的提高及休闲观光意识的增强，以食用菌为主题的休闲旅游业得到较快发展。发展食用菌生态休闲旅游业既能践行"两山论"的绿色兴农理念、体现人与自然和谐发展，又能快速有效地延长食用菌产业和生态旅游业的产业链、培育经济发展新动能，是实现乡村科技、业态和模式创新的有效途径。可以说，以食用菌生物科技休闲养生为主的康养产业，是食用菌产业发展的最高境界和终极目标。

2. 食用菌产业化的作用

食用菌产业是农业供给侧结构性改革的新路径。目前，我国食用菌产业正处于转型升级的关键阶段，处于新的发展机遇期。食用菌产业不仅产量大、效益高，还能利用农业废弃物，形成一个良好的循环经济模式。以吉林省为例，在农业供给侧结构性改革中，食用菌产业的布局建设沿着 302 国道，从吉林市、汪清县等地到延边朝鲜族自治州、珲春市的食用菌"百公里蘑菇长廊"已成规模。吉林省长春市日产 200t 以上的大型食用菌企业，在引领吉林省食用菌产业的发展方面发挥着巨大作用。

食用菌产业是助农致富的新抓手。食用菌栽培的经济效益是大田作物种植的 10 倍以上，有"一亩园十亩田、一亩菌十亩园"的说法，食用菌栽培在较短时间内可明显改变当地的低收入面貌。例如：吉林农业大学食药用菌教育部工程研究中心团队利用"玉木耳"新品种帮助吉林省洮南市好田村增加收入。目前，全国食用菌年产值千万元以上的县有 500 多个，亿元以上的县有 100 多个，从业人口逾 2 000 万。通过发展食用菌产业，带动农民增收，实现农业增效，改变了农村经济面貌。全国已建立了多个集食用菌加工、栽培、物流、文化、美食于一体的特色小镇，成为"三农"发展的新亮点。

6.3.3　食用菌生产智能化

1. 食用菌生产智能化的发展历程

食用菌工厂化最早出现在双孢菇的栽培中，距今已有 70 多年。欧美地区是食用菌工厂化栽培最早、规模最大、技术最先进的地区。1947 年，荷兰在控制温度、湿度和通风的条件下栽培双孢菇，由此开始了草腐菌工厂化生产。后来美国、德国、意大利等国也相继实现了双孢菇的机械化和工厂化生产，而且专业化程度较高，培养料堆制、菌种制作、栽培管理、销售和加工等分别由不同的专业公司完成（余荣等，2006）。20 世纪 50 年代，日本创建了金针菇等木腐菌瓶栽的工厂化生产模式。20 世纪 80 年代，韩国和我国台湾地区相继引进日本工厂化生产模式，并根据自身实际条件进行改进，使生产规模不断扩大、栽培技术日益成熟。

我国的食用菌工厂化生产起始于 20 世纪 80 年代。有关部门和省份先后从美国、意大利等国引进了 9 条大型的双孢菇工业化生产线，但是由于技术、市场和管理等问题，有 8 条生产线没能运作，食用菌工厂化生产一度处于低潮。20 世纪 90 年代以来，随着经济发展和市场条件的成熟，日本、我国台湾地区一些企业在我国大陆建立封闭式工厂，掀起金针菇、杏鲍菇、斑玉蕈等木腐菌工厂化生产的热潮（张军，2013）。我国不少企业也陆续投资开展食用菌工厂化生产。我国在学习、借鉴国外成功经验的基础上，将引进设备和自创技术相结合（谢福泉，2010），获得了成功。

我国食用菌工厂化历史较短，但发展十分快速。2008～2019 年，我国食用菌工厂的数量呈现先增加后减少的趋势，经历了企业数量膨胀到精简、产能低劣到优化、管理粗放到精细的食用菌工厂化发展过程。

多家食用菌企业相继上市。食用菌行业里的优质公司拉开了与资本市场对接的大幕，食用菌工厂化与资本联姻已经成为一种新趋势。

世界食用菌工厂化生产品种主要有金针菇、杏鲍菇等木腐菌，以及双孢菇等草腐菌。我国食用菌产业经过几十年发展，逐步实现了工厂化、机械化、自动化生产，目前已拥有日臻成熟的生产技术、自主研发的菌种及一批具有国际领先水准的机械设备。

2. 食用菌生产智能化设备的研发

我国食用菌工厂化生产设备开发不断取得进展。进入 21 世纪，食用菌工厂化生产设备快速更新。我国食用菌工厂化生产日趋规模化、机械化、智能化，包括木腐菌生产工艺全程机械化，覆盖培养料预湿、配制、搅拌、装瓶（袋）、灭菌（常压、高压）、接种（固体、液体）、菌种处理、搔菌、采摘、产品分选、整形、挖瓶等环节。针对发达国家食用菌生产装备投资高、运行成本高、不适合我国食用菌栽培工艺与模式等问题，我国开发了适合我国国情的食用菌生产机械，以适应我国栽培多品种食用菌的需要（王明友等，2016）。目前，已研发出许多适应我国食用菌栽培的新型简捷成套设备，如黑木耳菌包设备技术、香菇智能识别仿生操作技术。食用菌产业不但工业化生产能力强，而且溯源性比较强，在生长阶段应用各种测控技术、视频技术、大型数据处理设备、大数据传输通信设备及温湿光气硬件设备等，能够实现对食用菌产品生产全过程的监控，从而提供安全可靠的食用菌产品。温湿光气控制条件一体化及整体化集装箱式一站式服务菇房等的成功研发，对促进我国食用菌设备研发自主化具有重要的推动作用。

3. 食用菌智能化生产的工艺技术

食用菌工厂设计根据食用菌的营养类型可以分为两大类：木腐菌工厂和草腐菌工厂。木腐菌工厂主要生产金针菇、杏鲍菇等以木屑为主要碳源的木腐菌，草腐菌工厂主要生产双孢菇、草菇等以稻草为主要碳源的草腐菌。木腐菌工厂化生产的核心技术包括制种技术、接种技术、配料技术、灭菌技术、发菌培养技术、搔菌技术及出菇培养等。草腐菌工厂化生产的核心技术与木腐菌工厂化生产有所不同，其主要涉及制种、拌料、堆肥、发酵、接种、覆土及采菇等生产环节。

6.4　生态菌物生产发展策略

6.4.1　提高利用农业废弃物生产菌物的效率

提高利用农业废弃物生产菌物的效率，主要通过加强以下 9 个方面来实现。

1. 茶副产品的循环利用

我国是茶叶生产大国，茶树种植面积与产量均居世界首位，每年有茶梗、茶渣、茶枝、茶灰等大量茶副产品产生。茶树属于硬质阔叶树，其茶副产品含有丰富的纤维素和多种化学物质，为食用菌生长提供了良好的营养物质。刘明香等（2011）利用茶枝屑栽培灵芝，灵芝能正常生长、出芝、产生和释放孢子。茶枝屑的多糖、总三萜含量均高于木屑培养料，茶枝屑栽培的灵芝品质更好；且茶枝屑用量低于 70%为最佳。王冲等（2013）利用茶枝屑培育灵芝原种，当培养料含茶枝屑 45%时，灵芝菌丝生长速度快、浓白、粗壮，菌丝性状优良。利用茶枝屑栽培食用菌，菌丝能够正常生长，菌体有效成分含量有所增加。

2. 果皮果渣的循环利用

果皮果渣是果品加工后的废渣，其主要成分为果胶、蛋白质、脂肪、粗纤维等，可用于生产饲料，提取果胶、柠檬酸、乙醇、苹果酚、天然香料等。果皮果渣含有多种有效成分，将其作为主料配以麦麸、秸秆等辅料栽培食用菌是完全可行的。张云茹等（2013）利用柑橘皮渣袋栽平菇，出菇质量好，平均生物转化率（80%左右）高；其栽培平菇的维生素 C、多酚、多糖含量明显高于市售平菇，农药残留量小于绿色食用菌和无公害食用菌的农药残留标准。此外，添加不同比例柑橘皮渣对平菇多糖、蛋白质、膳食纤维、粗脂肪、氨基酸等含量的影响差异明显。张丕奇等（2011）添加 20%的沙棘果渣栽培木耳，对菌丝生长具有促进作用，木耳产量明显增加，木耳耳片厚、口感好，蛋白质含量增加 3%，其他营养成分含量稳定。利用果皮果渣栽培食用菌，可使果皮果渣废料得到充分利用，是一种资源合理利用的新模式。

3. 板栗苞壳的循环利用

板栗苞壳是板栗坚果外面呈球形、密被针刺的总苞，含有碳、氮、矿物质等，可为食用菌生长发育提供基本营养成分。我国板栗种植面积大，主产区每年产生大量的板栗苞壳。王德芝和周颖（2011）以板栗苞壳为主料，采用生物发酵、石灰水浸泡、直接拌料装袋 3 种原料处理方式栽培茶薪菇，结果表明，3 种原料处理方式栽培茶薪菇差异显著。利用板栗苞壳生物发酵栽培茶薪菇，菌丝生长旺盛、生物转化率较高。覃宝山等（2009）以板栗苞壳为主料，以棉籽壳和稻草为辅料进行平菇与秀珍菇的栽培试验，结果表明，利用板栗苞壳栽培平菇和秀珍菇，总糖含量相对较高，粗蛋白质与粗脂肪含量相对较低；适当添加棉籽壳可提高平菇和秀珍菇粗蛋白质和粗脂肪的含量，而添加稻草效果不明显。利用板栗苞壳栽培食用菌，可减少板栗苞壳污染，充分利用当地资源，延伸产业链，提高农林副产品附加值。

4. 木薯秆的循环利用

木薯是我国广西、广东、海南、云南、贵州、福建等地区旱地栽培的主要经济作物之一，对土壤条件要求不高，易生长、易栽培、易管理。木薯秆是收获木薯后的地上枝干部分。经加工后的木薯秆屑质地疏松，含有粗蛋白质约 8%、粗纤维 36%和淀粉 33%。木薯渣为木薯加工后的废弃物，同样含有大量的纤维素和淀粉。木薯秆屑和木薯渣含有食用菌生长所需要的营养物质，适合作为栽培食用菌的原料。陈丽新等（2009）以木薯乙醇废渣为主料栽培金福菇，发现当木薯乙醇废渣添加量为 30%时，菌丝生长速度快，但较为稀疏，颜色偏淡，第一茬菇生物学效率较低；当木薯乙醇废渣添加量为 60%时，菌丝生长速度稍慢，但粗壮浓密，第一茬菇生物学效率明显高于其他配方。将木薯秆、木薯乙醇废渣按一定比例混合分别栽培平菇、毛木耳时，菌丝生长速度快、产量高（陈丽新等，2014）。在实际生产中，使用木薯秆的量不宜超过 50%，并要添加适量的木屑和棉籽壳，以提高出菇的后劲及保水能力。利用木薯秆、木薯渣栽培食用菌是可行的，但必须控制木薯秆或木薯渣在培养料中的比例。

5. 棉秆资源的循环利用

我国棉花产量约占世界棉花产量的 1/4，年产棉秆数量巨大，棉秆粗蛋白质含量高达 6.5%，且粗纤维含量丰富，是栽培食用菌的优质原料。张瑞颖等（2012）利用棉秆栽培柱状田头菇、秀珍菇，结果表明，添加适当比例的棉秆可促进菌丝生长，增加子实体产量，且生物学转化率较高。但在培养料中添加棉秆要适当，若棉秆含量过高则可能引起子实体粗蛋白质含量下降，从而影响食用菌产量和品质。刘宇等（2012）利用发酵棉柴与未发酵棉柴栽培杏鲍菇，发现两者均有利于杏鲍菇菌丝的生长；在一定范围内，杏鲍菇的菌丝生长速度与配方中发酵棉柴（20%～80%）和未发酵棉柴（20%～60%）的添加量成正比，当两者含量为 40%时，生物学效率最高。实践证明，碎段棉秆柱（块）式栽培平菇、姬菇、鸡腿菇，方法简便、用工少、成本低、效益高，是一种全新的棉秆栽培食用菌模式。

6. 苎麻副产品的循环利用

苎麻为多年生麻类作物，是特有的纺织纤维原料作物。苎麻副产品为苎麻剥皮后废弃的麻骨、麻叶。苎麻副产品量占苎麻生物产量的 80%，含有大量纤维素、木质素。徐建俊等（2012）利用苎麻麻骨栽培秀珍菇和平菇，结果表明，秀珍菇和平菇子实体生长良好，生物学效率较高。李智敏等（2012）利用苎麻秸秆栽培杏鲍菇，与常规培养基相比，杏鲍菇出菇期短（28～32d），生物学效率高（62.0%～75.4%），子实体农艺性状良好，这表明苎麻副产品是栽培杏鲍菇的适宜原料。

7. 作物秸秆的循环利用

我国秸秆资源非常丰富，玉米、水稻和小麦等的秸秆是食用菌栽培的传统材料。随着社会的发展，一些新型作物的秸秆被开发用于食用菌栽培。吴楠等（2019）利用小麦秸秆、玉米秸秆、大豆秸秆、花生秸秆、油菜秸秆、水稻秸秆、玉米芯共 7 种农业废弃物做主料培养红平菇，结果表明，大豆秸秆最适于红平菇菌丝的生长，小麦秸秆次之，在油菜秸秆基质中的红平菇多酚氧化酶活性最高。李守勉等（2014）利用莜麦秸秆栽培双孢菇，与常规培养基相比，双孢菇发菌速度快，菌丝生长势好。王建瑞等（2013）以获枯茎为主料栽培糙皮侧耳和美味扇菇，结果表明，二者菌丝生长速度和子实体原基形成与使用棉籽壳栽培相比，慢 2～3d，但绝对生物转化率均高。因此，开发新型秸秆栽培食用菌，可以解决环境污染和食用菌原料紧缺的难题。

8. 桑枝条的循环利用

我国是世界上最早种桑养蚕的国家，随着桑树种植面积的不断扩大，产生了大量桑枝条，桑枝条成为农村环境的新污染源之一。桑枝条含有大量果胶和纤维素，可为食用菌生长提供营养物质。将桑枝用于食用菌栽培，可变废为宝，提高蚕桑生产的经济效益，促进蚕桑生产的稳定发展（卢玉文和陈雪凤，2011）。卢玉文等（2013）利用桑枝条栽培猴头菇，结果表明，猴头菇菌丝生长速度快，子实体形状良好，抗二氧化碳能力强，菇体大且圆整，生物转化率高。桑枝条为食用菌栽培原料提供了一个选择。

9. 桉树木屑的循环利用

桉树是世界三大著名速生树种之一。桉树皮是一种高水分、高挥发性、低灰、低氮、低硫、发热量低、不易燃烧的物质。传统焚烧或填埋桉树皮既造成资源浪费，又严重污染环境，如何有效利用桉树副产物是亟待解决的问题（范冬雨，2020）。夏凤娜等（2011）将桉树木屑（皮屑、杆屑、皮杆混合屑）作为栽培基质，分别栽培灵芝、秀珍菇、刺芹侧耳及金针菇 4 种食用菌，发现灵芝、秀珍菇、刺芹侧耳在桉树木屑栽培基质上菌丝粗壮、茂密，生物转化率较高，子实体生长整齐，显示出良好的适应性。范冬雨等（2019）采用单纯型格子法，以桉树木屑、杨树木屑和栎树木屑为主料栽培玉木耳，优化得到玉木耳栽培基质配方为 15.2%桉树木屑、20.8%杨树木屑、44%栎树木屑、15%米糠、2%豆粕粉、2%玉米粉和 1%石膏。用此配方栽培玉木耳的生物学效率比对照组高 33.89%。陈丽新等（2013）在平菇、毛木耳栽培基质中添加不同比例的桉树木屑，结果表明，其菌体能正常生长，且生长速度快，菌丝洁白、粗壮、浓密。

6.4.2　研发具有自主知识产权的优良菌种

为了提高食用菌工厂化生产的质量及产量，应做好良种选育工作。在实际生产过程中，运用食用菌育种技术，可有效提高菌种质量，使菌种具备多种优良品质，增强其抗病性。例如，运用杂交育种技术及基因编辑育种技术，可获得种质资源和新品种。食用菌的育种技术主要有选择育种、杂交育种、诱变育种、原生质体融合育种和分子辅助育种等。基因工程定向育种技术主要用于抗虫、抗病、提高生物利用率等方向，虽然目前在食用菌育种中成功的例子不多，但必将在食用菌育种研究中发挥重要作用（陈世通和李荣春，2012）。

食用菌菌种是食用菌产业发展的基础。我国食用菌菌种的大规模自主选育是从 20 世纪 70 年代末、80 年代初开始的，分子标记辅助育种是未来食用菌育种的方向（谭琦等，2000b; Fan et al., 2006）。目前，已开发出数十种分子标记用于食用菌的遗传育种如以 Southern 杂交技术为核心的 RFLP，以 PCR 技术为核心的 RAPD、AFLP、SSR、特征序列扩增区域（sequence characterized amplified region，SCAR）标记、ISSR、SRAP、目标区域扩增多态性（target region amplified polymorphism，TRAP）、单核苷酸多态性（single nucleotide polymorphism，SNP）分子标记和核糖体 DNA（ribosomal DNA，rDNA）多态性分子标记等。其中 RAPD、AFLP 和 rDNA 在食用菌育种中应用的研究报道较多（Botstein et al., 1980; Castle et al., 1987）。分子标记作为食用菌遗传育种研究的一个重要手段，其应用越来越广泛，如应用于菌种鉴定、遗传多样性分析（Vos et al., 1995; 李荣春，2001）、遗传图谱的绘制（Zhang et al., 2007b; Li and Quiros, 2001; Sun et al., 2006）、基因定位（Hu and Vick, 2003; Paran and Michelmore, 1993; Li et al., 2008; Xu et al., 2007）、分子标记辅助选择（Labb et al., 2008; Nakamura et al., 1987; Marie et al., 2009）等方面。

研发具有自主知识产权的优良菌种，需要加强以下几个方面的研究。

1）加强品种便捷鉴定技术的研究

传统的品种鉴定主要利用形态学、拮抗和同工酶等方法。现代分子生物学方法能直接从 DNA 序列水平反映品种遗传关系，与形态学和同工酶相比鉴定结果更客观、更准确。因此，不断开发和应用新型分子标记已成为食用菌品种鉴定的热点（Welsh and Mcclelland, 1991; Williams et al., 1990; Khush et al., 1992）。例如，RAPD 分子标记技术（Moore et al., 2001; Ramrez et al., 2001）和 ISSR 分子标记技术（Guan et al., 2008）被广泛地用于双孢菇栽培品种的鉴定；利用 SCAR 鉴定黑木耳品种 Au185（马庆芳等，2009）；利用 IGS2-RFLP 鉴定白灵菇品种（张金霞等，2004）；利用 AFLP（Terashima et al., 2002）和 ISSR 鉴定香菇品种；利用 RFLP（Chiu et al., 1995）鉴定草菇品种；利用 ISSR（宿红艳等，2008）鉴定金针菇品种等。

2）加强遗传多样性的分析研究

食用菌菌种资源是育种工作的基础条件，在新品种选育中起基础性作用和决定性作用。与野生种、早期驯化种相比，现代品种基因的等位性变异越来越少，这已成为培育突破性品种的瓶颈。目前大规模栽培的双孢菇和香菇等食用菌的遗传基础日益狭窄，存在遗传的脆弱性和突发病虫害的隐患。另外，由于过度采摘和自然环境的破坏，许多食（药）用菌濒临灭绝，如冬虫夏草和松茸，这些种质资源一旦从地球上消失，就难以用现代技术重新创造出来（张瑞颖等，2011）。因此，保护和抢救食用菌遗传资源十分重要。食用菌菌种资源的保护归根结底是保护食用菌菌种的遗传多样性，缺乏遗传基础的保护是无法实现的。分子标记技术是食用菌菌种资源遗传多样性研究的一个重要工具。许晓燕等（2008）利用 AFLP 和 SRAP 分子标记对 19 株毛木耳进行分析，揭示其遗传多样性，为全面评估其种质资源及高效精深加工提供理论依据和基础材料。陈美元等（2009）对 90 个中国野生蘑菇属菌种的总 DNA 进行 SRAP 和 ISSR 分析，构建亲缘关系树状图，结果显示这些菌种大体可分为野生双孢菇和野生蘑菇属两大类群，其中野生双孢菇的地域性差异比较明显。

3）加强遗传图谱体系构建的研究

遗传图谱又称为遗传连锁图谱，是指以染色体重组交换率为相对长度单位，表示遗传标记在染色体上相对位置的线性排列图（阮成江等，2002）。20 世纪 80 年代以来，分子标记技术的迅速发展极大地促进了遗传图谱的构建。利用分子标记绘制遗传图谱的基本步骤为：①选择合适的分子标记；②根据遗传关系确定用于作图的亲本组合，并建立作图群体；③进行群体中不同菌种或品系的分子标记的遗传分析；④借助计算机程序建立分子标记间的连锁群。食用菌遗传图谱的构建始于 20 世纪 90 年代，到目前为止，已经用同工酶标记、RFLP、RAPD 和 AFLP 等多种分子标记技术，为香菇、平菇和双孢菇等食用菌绘制了多个遗传图谱。

近年来，食用菌遗传图谱的研究进展突飞猛进，并成功应用于基因定位和表型定位。分子标记的一个目标是与食用菌的农艺性状结合起来，真正发挥其辅助育种的作用，这需要把遗传图谱上的标记信息转化成序列信息，并定位到相应的染色体上。这就需要大量的特异性分子标记。从已经发表的食用菌遗传图谱可以看出，大多数遗传图谱利用的分子标记是 RAPD 和 AFLP 等非特异性标记，这限制了遗传图谱功能的发挥。因此开发和应用特异性高、操作简单、适合大规模选择育种的分子标记非常重要。

4）加强食用菌基因定位的研究

构建食用菌遗传图谱的一个主要目的和用途是进行基因定位。高密度分子遗传图谱使基因定位变得更容易。目前，利用遗传图谱和分子标记技术已经定位或克隆了平菇、香菇和双孢菇等食用菌的许多基因，这些基因控制着食用菌许多重要的生产性状和农艺性状。分子标记技术在食用菌遗传育种研究中的应用发展速度非常快，但是分子标记辅助育种在食用菌中的应用还非常少，其限制因素主要有以下几个方面：①缺乏操作简单、重复性高、经济实用、适用于大规模分析的分子标记技术；②缺乏饱和的遗传图谱，已经筛选的与性状位点共分离或紧密连锁的分子标记非常有限；③在遗传图谱绘制过程中遗传群体的选择应与育种目的相一致。因此，需要发展以 SSR、PCR 技术为基础的、操作简单、特异性好的分子标记技术，构建高密度遗传图谱，并加速性状的定位分析。

目前原生质体融合育种尚处于研究阶段，还存在融合子遗传性状不稳定、种间融合子难以形成子实体等问题。解决这些问题有一定的难度，但是融合核分裂技术的发明为食用菌原生质体融合育种走向成熟打下了坚实的基础（陈世通和李荣春，2012）。目前原生质体融合育种的研究已从原来的以原生质体融合为主逐步转向原生质体诱变、单核原生质体杂交等方面。应有计划、有步骤地开展融合机制、融合后的核行为、改进融合子的遗传稳定性等研究。

基因工程在食用菌育种领域的应用较晚，目前还需要建立适宜载体、高效稳定的遗传转化体系等，所以在短时间内难以培育出食用菌优良品种。目前食用菌基因工程育种的研究重点是基因的克隆、表达和功能验证，寻找与食用菌产量、品质、抗性等相关基因紧密连锁的分子标记。对食用菌基因工程育种还须深入探索。

6.4.3　强化循环利用模式科技攻关

1. 大中型养殖场废弃物减量化与资源化循环利用技术

大中型养殖场废弃物减量化与资源化循环利用主要包括如下技术。①环保型生猪饲料及其健康养殖配套技术。该技术集成优化了低氮磷排放饲养技术、饲料酶调控技术和有机微量元素应用技术。刘景等（2016）通过降低饲粮蛋白质含量3%、磷含量 0.1%，适宜降低铜、铁、锌含量，同时添加植酸酶和 120mg/kg 非淀粉多糖酶，实现了在生长猪阶段和肥育猪阶段显著减少粪氮、粪磷、粪锌、粪铜等含量，同时通过研发精细化饲养与精准营养技术，使生猪饲养全程粪氮和粪磷进一步减少 6.10% 和 8.64%。②废弃物污染减量化与能源开发利用技术。该技术集成了粪便污水污染物快速减量化技术和沼液氧化塘养鱼净化技术。通过采用固液分离机及沉淀联合前处理方法，改进厌氧发酵技术，设计一种高效处理养殖污水且工艺简单的细菌固定化颗粒，深化污染物减量化沼液氧化塘养殖，筛选适宜鱼种和投苗量，使粪便污水的总固体（total solids，TS）含量、COD、BOD 去除率分别达到 75.8%、75.3%、64.0%，用细菌固定化颗粒处理 21d 后，污水 TS、COD 和 BOD 的去除率进一步提高。③规模化养猪场猪粪、沼液等废弃物消纳与循环利用技术。该技术集成了固液分离猪粪渣代料栽培食用菌及周年工厂化生产技术、沼液菜地应用技术和猪粪渣、菌渣等农业废弃物联合堆肥生产及应用有机肥、栽培基质技术，筛选适合养猪场废弃物代料栽培的食用菌品种。养猪场废弃物代料栽培的食用菌产品均符合无公害农产品卫生标准。④规模化养猪场废弃物的多级生物转化利用技术。该技术集成了漂烫液喷雾干燥制营养精粉工艺和精粉胶囊加工工艺，通过分析漂烫液喷雾干燥制营养精粉工艺和精粉胶囊加工工艺条件，最终形成适宜的加工工艺（陈君琛等，2012）。

2. 规模化养殖发酵床微生物制剂研发与废弃物多级循环利用技术

规模化养殖发酵床微生物制剂研发与废弃物多级循环利用主要包括如下技术。①畜牧养殖废弃物微生物降解技术。该技术集成了菌种收集、分离和保存技术，并开发微生物发酵床专用菌剂。朱育菁等（2016）通过在 17 个国家（德国、英国、法国、荷兰、巴西、秘鲁、印度尼西亚、泰国、日本、韩国、以色列等）及中国 31 个省（自治区、直辖市）分离保存芽孢杆菌 34 892 株，引进模式菌种 260 种，并筛选、开发微生物发酵床粪污降解菌剂、饲用益生菌剂等，最终形成了全球最大的芽孢杆菌专业资源库，实现了芽孢杆菌资源库的智能化、信息化管理。②畜禽养殖微生物发酵床优化构建关键技术。该技术集成了微生物发酵床垫料替代技术和微生物发酵床大栏养猪系统装备技术。刘波等（2017）以食用菌菌糠和椰子壳粉为原料替代传统的谷壳和锯末，设置微生物发酵床大栏养殖猪舍、隔离栏和环境监控系统，配套发酵床大栏养猪机械化装置。与传统养猪系统相比，该系统可节约土地 73%，节约建设成本 16%，节约用水 75%，且可提高猪肉品质、提高效益，实现养殖污染物零排放。③发酵床废弃物生产生物肥药发酵基质、种苗培育基质和食用菌栽培基质的产业化关键技术。该技术集成了利用发酵床垫料生产生物肥药发酵基质、种苗培育基质和食用菌栽培基质的产业化关键技术。曾庆才等（2014）和应正河等（2014）通过筛选基于发酵床垫料的无致病力青枯雷尔氏菌 FJAT-T8、生防菌哈茨木霉 FJAT-9040 和生防菌地衣芽孢杆菌 FJAT-4，及垫料蔬菜育苗基质配方和斑玉蕈栽培配方，最终与企业合作研发生物基质生产线 1 条、生产基质产品 7 类 16 个、生物肥药产品 1 个；用垫料含量 10%的配方生产的斑玉蕈产量比常规配料组提高 10.8%。

3. 闽北山区规模化养牛场牧草净化治污与饲草高效循环利用技术

闽北山区规模化养牛场牧草净化治污与饲草高效循环利用主要包括如下技术。①草地消纳养牛场废水长期定位观测站建设。钟珍梅等（2016）集成了闽牧 6 号狼尾草草地消纳养牛场废水技术和狼尾草重金属富集技术，系统观测沼液用量对狼尾草人工草地土壤理化性状、氮素转化、微生物区系和酶活性及重金属镉富集的影响。②牧草新品种选育与氮素转化技术。该技术集成了牧草新品种选育和牧草氮肥利用 ^{15}N 示踪技术。福建省农业科学院循环农业课题组筛选了 8 种禾本科牧草进行氮肥利用研究，结果表明，α-亚麻酸在脂肪酸组成中的相对含量达 62.2%，牧草 ^{15}N 肥料利用率为 5.20%～29.34%，小白鼠对 ^{15}N 标记牧草的消化率为 27.67%～68.20%（黄秀声等，2014）。③牧草加工及奶（肉）牛高效饲用技术。该技术集成了纤维素降解菌和纤维素酶筛选技术、牧草物料配比和青贮技术。黄勤楼等（2016）研究狼尾草与花生秧混合青贮配比，并分析不同添加剂青贮料对肉牛育肥和奶牛品质的影响，最终筛选出降解纤维素菌剂"贮宝 2 号"菌，可分别降低中性洗涤纤维和酸性洗涤纤维 30.7%、27.2%，并增加青贮料乳酸含量；饲喂纤维素酶的青贮料可使肉牛日增重 1.19kg，料重比达 50.04∶1，毛利润提高 98.65%～161.47%；饲喂纤维素酶的青贮料可使奶牛牛乳中 α-亚麻酸含量高达 15.88mg/100g，比对照组增加 43.41%。

4. 农牧废弃物作为食用菌栽培基质的多级循环与增值技术

农牧废弃物作为食用菌栽培基质的多级循环与增值主要包括如下技术。①栽培基质微生物助堆剂的筛选及三次发酵技术。该技术集成了栽培基质微生物菌剂筛选、隧道式三次发酵技术和栽培基质进料机械研发技术。双孢菇栽培基质堆制发酵、纤维素降解菌和菌剂复配，使双孢菇菌丝生长与隧道式发酵同时进行，缩短走菌时间，增强菌丝生长活力。②杏鲍菇菌糠循环栽培双孢菇技术。该技术集成了双孢菇新品种选育、杏鲍菇菌糠循环栽培双孢菇配方筛选和环境调控技术。卢政辉等（2016）通过选育适合杏鲍菇菌糠栽培的双孢菇新品种并优化栽培配方，研究优化配方在常规菇房和工厂化应用中的环境调控技术，最终获得双孢菇新品种"福蘑 38"，并形成两套杏鲍菇菌糠栽培双孢菇循环利用技术模式。此外，还有草生菌栽培替代料筛选技术、农作物套种竹荪高效栽培技术、食用菌加工废弃物资源增值循环利用技术等。

5. 食用菌产业二氧化碳有效减排与废弃物高效循环利用技术

食用菌产业二氧化碳有效减排与废弃物高效循环利用主要包括如下技术。①草生菌栽培碳排放与减排技术。该技术集成了草生菌温室气体排放规律和减排技术、姬松茸栽培改进技术。王义祥等（2015）采用静态箱-气相色谱法研究双孢菇、秀珍菇原料堆制发酵、出菇栽培过程中的物质转化和温室气体排放量；建立姬松茸培养基新型复式集合堆积法和满格堆放法相结合技术，最终从适宜碳氮比和堆料厚度角度提出两个稳产高产和温室气体减排的技术方案，获中国专利优秀奖。②姬松茸新品种选育与高产优质栽培技术。该技术集成了重金属低富集菌株选育、覆房干热式二次发酵技术和覆土栽培管理技术。刘朋虎等（2014）采用辐射技术选育多种重金属低富集的姬松茸新品种，并提出姬松茸高产优质栽培的接种、覆土阶段管理的新方法，最终审定两个姬松茸新品种，其铅、砷和镉含量分别比对照组低 10.96%、29.73% 和 51.07%。③大棚菌菜互作栽培技术。该技术集成了温室大棚蔬菜和食用菌空间互补栽培技术、食用菌菌糠作为蔬菜栽培基质技术。通过探索适于温室大棚蔬菜栽培的食用菌品种，揭示食用菌栽培过程碳素物质转化和二氧化碳排放规律，并筛选适于蔬菜栽培基质的菌糠配方。④茶菌优化配套种植技术。该技术集成了茶园茶枝代料栽培灵芝技术、茶园套种灵芝技术和食用菌菌糠回园技术。通过筛选适于茶园栽培的灵芝品种，评价菌糠回园对土壤有机碳库的影响，最终筛选优质灵芝品种。

6. 基于农牧废弃物—食用菌开发体系的农业生境过程有效控制技术

基于农牧废弃物—食用菌开发体系的农业生境过程有效控制主要包括如下技术。①食用菌产业多级循环技术及对农牧废弃物中物质转化与环境因子的响应。该技术集成了食用菌菌糠再生食用菌技术及食用菌栽培碳、氮转化效率和温室气体排放规律。有学者研究利用杏鲍菇菌糠栽培草菇、双孢菇，利用白灵菇菌糠栽培平菇技术，分析"农牧废弃物—杏鲍菇—杏鲍菇菌糠—草菇、双孢菇—菌糠"和"农牧废弃物—白灵菇—白灵菇菌糠—平菇—菌糠"多级循环碳、氮转化效率和温室气体排放规律，最终得出食用菌栽培是一个高温室气体排放过程，在食用菌培养料发酵中甲烷和一氧化二氮排放量较大，进床栽培是高二氧化碳排放过程（胡清秀和张瑞颖，2013；宫春宇等，2015）。②高效发酵微生物筛选及菌糠堆制发酵过程中若干因子变化与调控技术。该技术集成了高效纤维素降解菌筛选、复合菌剂构建、菌糠堆制发酵过程中微生物区系变化规律及菌糠堆肥微生物菌剂应用技术。刘晓梅等（2015）通过从菌糠堆肥中分离培养、筛选微生物菌种，构建高效纤维素降解复合菌，开展菌糠堆肥及菌剂添加对堆肥温度、pH、含氮量、含碳量等理化指标及微生物种群变化的影响研究，最终筛选出高效纤维素降解菌 4 株，构建高效纤维素降解复合菌 1 组。

6.4.4　促进食用菌产业高质量发展的对策思考

工厂化生产是食用菌产业发展的必然趋势。欧洲国家、美国、日本、韩国等发达地区的食用菌工厂化生产已基本替代传统模式。其中韩国工厂化生产的食用菌占有率达 95%以上，日本的达 90%以上。与发达地区相比，我国食用菌工厂化生产尚有很大的发展空间，未来几年仍将是发展的黄金时期。因此，要顺应世界食用菌产业的发展趋势，强化科技创新，带动产业持续发展，满足城乡居民对高质量食用菌产品的需求，就需要制定新的发展战略。促进食用菌产业高质量发展的对策思考主要有以下几点。

1）强化政策引导，促进食用菌产业健康发展

在国家发展循环经济、绿色生态农业、林下经济及现代农业等相关方针政策的支持下，各地要按照中央提出的"提质增效"和"提档升级"要求，努力将食用菌产业打造成现代绿色农业的特色产业。我国已经出台了鼓励发展生态循环农业的政策法规，主要涉及开展畜禽粪污综合利用、秸秆全量化利用和标准化、清洁化生产等，在食用菌废弃物资源化循环利用方面，政策支持力度不够，缺乏有效的激励机制。要解决此问题，应做到以下几点。①加大扶持与引领。应根据当

地实际情况，主动发挥政府管理职能，以产业转型为动力，配合农业供给侧结构性改革；以市场需求为导向，构建科学合理的生产体系；采取合作社的形式，鼓励食用菌农户积极参与食用菌经营体系，建立示范基地，提高食用菌产业竞争力。②因地制宜创新模式。充分利用当地自然资源，发展特色规模种植，按照国家政策法规对抚育间伐材、林木枝丫材、菇材专用林等林业资源进行科学利用，重点发展市场前景好的食用菌品种。③发挥龙头企业带动作用。积极引进食用菌龙头企业与专业人才，加强各高校、科研机构的合作与交流，培养食用菌生产一线的人才队伍，构建人才交流渠道，培育高水平技能人才。④以产品质量为基础。加快工厂化生产菌种的研发，抓好食用菌产业链的"源头"，抓住中国食用菌的"芯"，发挥国际联合实验室在资源研究中的优势，统一食用菌工厂化生产菌种标准，采用先进的注册方式，真正实现对菌种知识产权的保护。完善食用菌产业链监控机制，制定科学的生产流程，严把质量关，使生产过程达到高标准。

2）强化科技创新，增加技术攻关投入

大力支持科研工作，促进新材料、自动控制等高新技术在食用菌工厂化生产中的应用。国家每年应下拨农业专项扶持资金用于发展现代食用菌产业，引导大中专毕业生、新型职业农民、务工经商返乡人员领办农民合作社，兴办家庭农场，建设特色小镇。食用菌产业的发展，亟需大量专业人才，这解决了部分毕业生就业难的问题。中国食用菌是助农致富的新抓手，通过鼓励农民合作社发展农产品加工、销售，培育、壮大农业产业化龙头企业，建设标准化和规模化的原料生产基地，带动农户和农民合作社发展适度规模经营，可带动农民致富，帮助农民增收（李玉，2018）。另外，要进一步拓宽和加深食用菌绿色生产与循环利用，尤其要强化食用菌工厂化生产智能管理与有效控制，这不仅能够提升产品质量，还能够降低劳动强度。同时要加大资源节约与环境友好技术攻关，将食用菌生产废弃物进行还田或者作为饲料，使食用菌生产链更加完整多样，使食用菌生产工厂化、智能化及食用菌产业获得更多收益。

3）强化人才培养，支撑食用菌产业高质量发展

随着食用菌产业的迅速发展，对食用菌专业人才特别是高素质人才的需求日益增加（李玉，2008；张俊飚和李波，2012）。然而，我国高等院校专业培养模式、层次趋同，造成培养的人才与市场需求脱节，另外，用人市场对地域等的实际要求增加也导致人才对口就业率非常低。

为加快推进食用菌产业发展和人才队伍建设、为食用菌产业发展提供可靠的科技支撑和人才保障，吉林农业大学建立了系统培养工程，实施从专科、本科、硕士、博士到博士后全层次人才培养战略。吉林农业大学与吉林双辽职业中专、江苏南京晓庄学院、江苏农林职业技术学院等院校联合培养食用菌产业人才。近几年，山东农业大学、华中农业大学、福建农林大学、山西农业大学等也相继设

立食药用菌专业，使食药用菌专业不再包含于其他专业之中。同时，很多高校将食用菌工厂化相关课程纳入教学大纲。食用菌工厂化课程对学生的实际操作能力要求相对较高，其培养计划更加注重实训模块（王杰和钟武杰，2016）。以吉林农业大学食用菌专业人才培养模式为例，学校开设食用菌工厂化课程，采用模块化教学模式，创建大型仿真实验室，并建立国内首家校内食用菌工厂化实习实训基地，目前已成为国家级科普教育基地和食用菌培养人才示范基地。深化人才培养体系建设，培养多层次梯队人才，根据我国食用菌产业发展的结构，建立多层次的食用菌专业人才培养体系。这不仅需要本科教育，也需要职业教育或更高端的研究生教育。构建和完善创新型与实用型人才的培养体系，让更多的创新与创业人才在生产一线发挥作用，要在学生的实习实训方面，与企业建立合作机制，使学生能够了解一线的生产需求，加强专业基础知识的学习，同时弥补专业基础知识的缺陷。

4）强化品种选育，为食用菌产业提供支撑

菌种知识产权普遍受到企业的关注，为食用菌工厂化生产未来的发展提供了坚实的基础。食用菌子实体易受环境条件影响而变化，给大型真菌的准确分类带来一定的困难（卢敏和李玉，2012；鲁丽鑫等，2017），但 ITS、EF1α 等传统基因（图力古尔和鲁铁，2017）和单拷贝保守蛋白基因检测等技术的应用，使菌种的知识产权越来越明晰。要继续加强常规育种攻关，也要加大新技术育种攻关的力度，力求更为便捷地获得高优品种（刘正慧等，2018；李玉，2018）。

与此同时，对菌种技术也应进行深入研究。①对优质、耐低温、抗病虫害等性状进行表型鉴定和遗传基因型分类，发掘优良菌类作物种质资源。②利用基因组测序、重测序和代谢组技术，结合基因型和表型数据进行全基因组关联研究（genome wide association studies，GWAS）分析，实现扫描并精细定位与品质、耐低温、抗病虫害和子实体颜色等性状相关的数量性状位点（quantitative trait locus，QTL）和关键基因，构建 CRISP/Ca9 系统，完成抗病品种的创制（Ramrez et al.，2001；Staniaszek et al.，2002）。③利用主要农艺性状的全基因组选择（genomic selection，GS）育种模型，进行杂交育种选配，创制高产、优质、耐低温、抗病虫害的新种质（许晓燕等，2008；陈美元等，2009；阮成江等，2002）。对菌种技术的深入研究，能够为工厂化食用菌产业的技术创新提供科学基础，为产业持续发展提供科学动力。

5）强化智能管理，健全完善食用菌工厂化生产链

目前食用菌工厂的生产链较为单一，很多工厂以单一食用菌生产为主。出现这种情况的原因是，工厂受限于不同食用菌的不同培养方法，而厂房设计的目的是最大限度提高单一菌种的质量、产量及效率。为了使食用菌生产链更加完整多样，在设计食用菌生产厂房时可以考虑多种食用菌生产线的比例分配，根据食用

菌市场进行季节性调节生产，保证食用菌销售利益最大化。随着技术的进步，旧生产模式会不断地被淘汰。实现食用菌工厂化生产智能化管理，要制定各项技术的实施标准，还要专业团队定期对工厂环境、工艺安全进行检测，对人员进行培训。

6）强化食用菌产业循环利用研发，实现生产生态融合发展

为了更好地推进食用菌废弃物资源化循环利用模式的发展，需要政府对食用菌废弃物资源化利用给予明确的定位，并建立健全政策法规，重视食用菌废弃物综合利用工作，通过减免税和低利率融资等办法，积极扶持相关企业，并积极宣传、推广成熟的循环利用模式。要建立食用菌产业循环利用园区，使食用菌产业与其他产业相结合，通过资源匹配和产业耦合，实现废弃物资源高效利用。要注重实施食用菌废弃物循环利用的激励政策，鼓励企业运用并拓展食用菌废弃物循环利用模式，并加大资金扶持力度，加强食用菌废弃物利用的基础设施建设，如沼气池、堆肥厂等。要加强食用菌产业循环利用模式的宣传力度，让广大农户自愿、积极地投入食用菌产业循环利用工作中。科研部门要加强食用菌产业循环利用基础理论研究，提高食用菌产业与种植业、养殖业等关联产业的整体效益，促进产业与农业环境的协调发展。

综合食用菌废弃物循环利用模式发展的实际情况，需要加强以下几个技术环节的研究。①加强对现有废弃物资源化循环利用模式关键接口技术的研究，并积极探寻新的资源化利用途径。②建立食用菌废弃物循环利用对农业生态环境影响的综合评价体系，完善食用菌产业废弃物无害化利用技术体系。③制定食用菌废弃物循环利用模式相关技术标准与规范。建议食用菌科研机构及基层农业技术相关部门紧密结合食用菌农户的科技需求，集中力量深入一线，因地制宜地制定技术标准并推广应用。④加强食用菌科技人才培训与示范基地建设。定期组织专家开展食用菌循环利用模式培训班、现场示范指导等工作，培养本地科技骨干人员，为今后食用菌产业升级提供技术支撑。⑤以点带面，建设食用菌产业循环利用模式示范基地。通过建设显示度高、可操作性强的食用菌产业废弃物资源化循环利用与无害化示范基地，增强食用菌农户对循环利用模式的信心，使其积极投入食用菌产业循环利用的工作中。

参 考 文 献

白丽，赵邦宏，2015. 产业化扶贫模式选择与利益联结机制研究：以河北省易县食用菌产业发展为例[J]. 河北学刊，35(4)：158-162.

鲍大鹏，赵国屏，谭琦，等，2010. 草菇全基因组框架图[J]. 食用菌学报，17(1)：1-5.

曹国良，张小曳，王亚强，等，2007. 中国区域农田秸秆露天焚烧排放量的估算[J]. 科学通报，52(15)：1826-1831.

陈慧玲，林向阳，罗登来，等，2017b. 生物炭作为无土栽培基质的初步探究[J]. 福州大学学报(自然科学版)，45(2)：280-284.

陈慧玲，林向阳，朱银月，等，2017a. 微波裂解温度对菌糠生物炭特性的影响[J]. 福州大学学报(自然科学版)，45(2)：285-290.

陈君琛，沈恒胜，涂杰峰，等，2004. 谷秆两用稻草粉替代麦麸栽培珍稀食用菌[J]. 中国食用菌，23(2)：25-26，47.

陈君琛，周学划，赖谱富，等，2012. 大球盖菇漂烫液喷雾干燥制营养精粉工艺优化[J]. 农业工程学报，28(21)：272-279.

陈丽新，陈振妮，汪茜，等，2013. 桉树木屑在食用菌菌种生产上的应用试验[J]. 南方农业学报，44(4)：644-648.

陈丽新，黄卓忠，陈振妮，等，2014. 纯木薯废弃物栽培平菇的配方优化及效益分析[J]. 南方农业学报，45(8)：1424-1428.

陈丽新，黄卓忠，韦仕岩，2010. 葡萄枝营养成分分析及栽培秀珍菇试验[J]. 中国食用菌，29(6)：28-29.

陈丽新，黄卓忠，韦仕岩，等，2009. 木薯酒精废渣栽培金福菇试验[J]. 广西农业科学，40(11)：1473-1475.

陈亮，赵兰坡，赵兴敏，2012. 秸秆焚烧对不同耕层土壤酶活性、微生物数量以及土壤理化性状的影响[J]. 水土保持学报，26(4)：118-122.

陈柳英，2015. 菌根食用菌产业发展现状及展望[J]. 福建农业科技 (12)：68-70.

陈美元，廖剑华，王波，等，2009. 中国野生蘑菇属90个菌株遗传多样性的DNA指纹分析[J]. 食用菌学报，16(1)：11-20.

陈诗波，王亚静，2009. 循环农业生产技术效率外生性决定因素分析[J]. 中国人口·资源与环境，19(4)：82-87.

陈士瑜，陈惠，2003. 菇菌栽培手册220种食、药用菌的驯化状况及栽培方法[M]. 北京：科学技术文献出版社.

陈世昌，常介田，吴文祥，等，2012. 菌渣还田对梨园土壤性状及梨果品质的影响[J]. 核农学报，26(5)：821-827.

陈世昌，周士锋，徐明辉，等，2011. 促腐剂对菇渣发酵过程的影响及育苗基质优化研究[J]. 北方园艺(17)：177-180.

陈世通，李荣春，2012. 食用菌育种方法的研究现状、存在的问题及展望[J]. 安徽农业科学，40(10)：5850-5852.

陈晓鸣，1999. 中国资源昆虫利用现状及前景[J]. 世界林业研究 (1)：46-52.

陈鑫珠，李文杨，刘远，等，2018. 菌糠发酵饲料品质的动态变化[J]. 中国草食动物科学，38(3)：76-78.

陈旭健，甘耀坤，何易，2008. 食用菌培养料添加黄粉虫粪试验[J]. 食用菌 (6)：26-27.

陈应龙，2002. 黑孢块菌的菌根合成及其超微结构研究[J]. 中国食用菌，21(5)：15-17.

陈玉华，田富洋，闫银发，等，2018. 农作物秸秆综合利用的现状、存在问题及发展建议[J]. 中国农机化学报，39(2)：67-73.

陈云波，王三宁，2006. 双孢蘑菇室内反季节栽培技术[J]. 中国食用菌，25(6)：45-46.

成娟丽，张福元，2006. 菌糠饲料的开发应用[J]. 中国饲料 (9)：39-41.

程建明，姜承炳，陈幸岗，等，2011. 能源生态循环利用模式在食用菌生产基地中的应用实例[J]. 农业环境与发展，28(3)：37-38.

池雪林，吴德峰，曾显成，2007. 灵芝和菌糠降低鸡蛋胆固醇的试验研究[J]. 福建畜牧兽医，29(4)：3-5.

崔国梅，李顺峰，高帅平，等，2022. 香菇采后品质劣变与保鲜技术研究进展[J/OL]. 食品工业科技：1-13(2022-06-10)

[2022-10-22]. https://kns.cnki.net/kcms/detail/11.1759.TS.20220609.1731.006.html.
崔宗均，李美丹，朴哲，等，2002. 一组高效稳定纤维素分解菌复合系 MC1 的筛选及功能[J]. 环境科学，23(3)：36-39.
戴玉成，周丽伟，杨祝良，等，2010. 中国食用菌名录[J]. 菌物学报，29 (1)：1-21.
党常英，张兴东，2004. “四位一体”种养生态模式的应用[J]. 可再生能源，115(3)：53-54.
丁强，王鸿磊，邹积华，等，2011. 以食用菌种植为纽带的循环农业模式[J]. 安徽农业科学，39(27)：16525-16526，16535.
杜振华，2018. 乡村振兴战略下农村产业扶贫现状及发展对策研究：以河南省清丰县菌菇产业扶贫为例[D]. 杭州：浙江工商大学.
范东，刘世操，祝爱侠，等，2016. 香菇菌糠纤维素酶的提取工艺优化[J]. 江西农业学报，28(5)：83-87.
范冬雨，2020. 不同人工林木屑对优质玉木耳栽培的影响研究[D]. 长春：吉林农业大学.
范冬雨，贾传文，吴楠，等，2019. 混料设计优化玉木耳的木屑栽培配方[J]. 食用菌学报，26(4)：57-63.
范冬雨，李可心，赵震宇，等，2021. 人工林木屑栽培玉木耳的营养成分及重金属含量分析[J]. 中国食用菌，40(2)：42-46.
范凌云，丁小良，葛惠元，等，2006. 利用水稻秸秆的蘑菇大棚栽培技术初探[J]. 上海农业科技 (2)：101-102.
冯东岳，季相山，2018. 固定化微生物技术在水产养殖环境修复中的应用[J]. 中国水产 (3)：87-90.
付绍春，谭琦，陈明杰，等，2009. 美味牛肝菌与马尾松幼苗无菌条件下的外生菌根合成[J]. 食用菌学报，16(1)：31-42.
傅俊生，朱坚，谢宝贵，2010. 草菇杂交菌株 2628 的鉴定与品比试验[J]. 中国农学通报，26(14)：48-53.
高科佳，赵静，双海军，2019. 面向经济效益分析的食用菌资源开发[J]. 中国食用菌，38(8)：8-10.
高旭红，窦林敏，李佳腾，等，2018. 杏鲍菇菌糠饲料的发酵条件及其对山羊的饲喂效果[J]. 动物营养学报，30(5)：1973-1980.
弓明钦，2009. 块菌首次在国内栽培成功[J]. 中国食用菌，28(3)：15.
宫春宇，张瑞颖，邹亚杰，等，2015. 刺芹侧耳菌渣含水量、床架层次及发酵处理对草菇栽培的影响[J]. 食用菌学报，22(2)：30-34.
宫志远，2010. 食用菌菌渣综合研究与利用现状[C] //第九届全国食用菌学术研究会摘要集：39.
龚振杰，赵桂云，2009. 木耳菌糠袋栽平菇技术[J]. 北方园艺 (3)：214-215.
管道平，胡清秀，冯作山，2008. 食用菌菌渣堆肥化促进秸秆菌业良性循环[C]//中国农作制度研究进展：477-479.
郭美英，1997. 我国金针菇新品种的选育[J]. 食用菌学报，4(1)：8-14.
郭世荣，2005. 固体栽培基质研究、开发现状及发展趋势[J]. 农业工程学报(Z2)：1-4.
郭彤，吴艳，高巍，等，2017. 杏鲍菇菌糠作为发酵床垫料对断奶仔猪生长性能、肠道菌群及免疫功能的影响[J]. 畜牧与兽医，49(5)：35-40.
韩俊榕，2015. 甘肃省永昌县农户采纳食用菌立体栽培技术的影响因素研究[D]. 武汉：华中师范大学.
韩鲁佳，闫巧娟，刘向阳，等，2002. 中国农作物秸秆资源及其利用现状[J]. 农业工程学报，18(3)：87-91.
韩朋伟，卜小丽，刘世操，等，2016. 发酵杏鲍菇菌糠对肉鸡生长性能和血清生化指标的影响[J]. 粮食与饲料工业，12(3)：48-51，55.
贺建超，贺榆霞，王玛丽，2005. 双孢蘑菇单孢子杂交育种研究[J]. 中国食用菌，25(3)：18-19.
洪春来，王卫平，薛智勇，等，2015. 废弃菌菇渣无害化处置工艺优化研究[J]. 环境保护前沿 (5)：1-5.
洪沛，舒黎黎，李天来，等，2021. 光环境对食用菌生长发育的影响[J]. 食用菌学报，28(4)：108-115.
胡繁荣，范爱兰，贾春蕾，等，2013. 靖泰 1 号灵芝栽培技术[J]. 现代农业科技 (24)：113-114.
胡清秀，2015. 立体菌业促进循环农业的发展[J]. 中国农业信息 (20)：27-33，36.
胡清秀，卫智涛，2011. 双孢蘑菇菌渣堆肥及其肥效研究[J]. 农业环境科学学报，30(9)：1902-1909.

胡清秀，张瑞颖，2013. 菌业循环模式促进农业废弃物资源的高效利用[J]. 中国农业资源与区划，34(6)：113-119.

胡新军，张敏，余俊锋，等，2012. 中国餐厨垃圾处理的现状、问题和对策[J]. 生态学报，32(14)：4575-4584.

胡学玉，李学垣，2002. 有机固体废弃物的堆肥处理与资源化利用[J]. 农业环境与发展，19(2)：20-21.

胡燕，彭荣，郑旭煊，等，2012. 花椒子残渣对姬菇的生理指标及营养成分的影响研究[J]. 食品工业科技，33(2)：203-206.

华尔山，2005. 双孢菇培养料二次发酵新技术[J]. 中国食用菌，24(1)：30-31.

黄兵，2015. 不同光质 LED 对白灵菇商品性状及产量的影响[D]. 长春：吉林农业大学.

黄勤楼，钟珍梅，黄秀声，等，2016. 纤维素降解菌的筛选及在狼尾草青贮中使用效果评价[J]. 草业学报，25(4)：197-203.

黄小云，沈华伟，韩海东，等，2019. 食用菌产业副产物资源化循环利用模式研究进展与对策建议[J]. 中国农业科技导报，21(10)：125-132.

黄晓东，娄本勇，2013. 香菇下脚料对水体中十二烷基苯磺酸钠的吸附[J]. 水处理信息导报(5)：54.

黄秀声，钟珍梅，黄勤楼，等，2014. 利用 ^{15}N 示踪技术研究 8 种禾本科牧草对氮肥的吸收和转化效率[J]. 核农学报，28(9)：1677-1684.

冀瑞卿，马世玉，王月杰，等，2013. 3 种菌根食用菌室内培养营养与环境条件的优化[J]. 东北林业大学学报 (12)：99-101.

贾明，陆建忠，尹君，2012. 菌渣直接还田对设施大棚内土壤理化性状影响初探[J]. 食用菌(3)：67，71.

贾睿琳，张雅雪，殷中琼，等，2011. 酒糟菌糠水溶性多糖的提取与含量测定[J]. 安徽农业科学，39(12)：7104-7105，7109.

江玉姬，赵书光，谢宝贵，等，2010. 金针菇杂交育种中亲本菌株的选择模式[J]. 福建农林大学学报(自然科学版)，39(4)：403-408.

姜宁，余昌霞，董浩然，等，2021. 不同光质光照对香菇子实体农艺性状与质构品质的影响[J]. 菌物学报，40(12)：3169-3181.

蒋高明，郑延海，吴光磊，等，2017. 产量与经济效益共赢的高效生态农业模式：以弘毅生态农场为例[J]. 科学通报，62(4)：289-297.

蒋岚岚，刘晋，钱朝阳，等，2010. MBR/人工湿地工艺处理农村生活污水[J]. 中国给水排水，26(4)：29-31.

蒋卫杰，刘伟，余宏军，等，2000. 我国有机生态型无土栽培技术研究[J]. 生态农业研究，8(3)：17-21.

金珍，刘昌盛，2016. 生物质沼气发电技术应用实例分析[J]. 中国新技术新产品 (8)：12-13.

兰春剑，2012. 长三角地区秸秆焚烧所引起的黑碳气溶胶排放及环境影响研究[D]. 杭州：浙江农林大学.

黎演明，黄志民，龙思宇，等，2015. 添加适量菌棒废渣提高桑枝颗粒燃料成型率及改善燃烧性能[J]. 农业工程学报，31(19)：216-221.

李波，叶菁，刘岑薇，等，2017. 生物炭添加对猪粪堆肥过程碳素转化与损失的影响[J]. 环境科学学报，37(9)：3511-3518.

李国学，张福锁，2000. 固体废物堆肥化与有机复混肥生产[M]. 北京：化学工业出版社.

李红霞，张建，杨帅，2016. 河道水体污染治理与修复技术研究进展[J]. 安徽农业科学(4)：74-76.

李龙涛，李万民，孙继民，等，2019. 城乡有机废弃物资源化利用现状及展望[J]. 农业资源与环境学报，36(3)：264-271.

李鸣雷，刘萌娟，谷洁，等，2007. 农业废弃物资源化利用的微生物学途径探讨[J]. 西安文理学院学报(自然科学版)，10(3)：14-17.

李宁，李涛，邵成斌，等，2014. 一种用玉米秸秆制备黄粉虫幼虫饲料的方法：201410015839. 2[P]. 2014-04-16.

李秋芬，袁有宪，2000. 海水养殖环境生物修复技术研究展望[J]. 中国水产科学，7(2)：90-92.

李荣春，2001. 双孢蘑菇遗传多样性分析[J]. 云南植物研究，23(4)：444-450.

李荣杰，2009. 微生物诱变育种方法研究进展[J]. 河北农业科学，13(10)：73-76，78.

李守勉，王胜男，李明，等，2014. 莜麦秸秆营养成分测定及双孢菇栽培试验[J]. 北方园艺(15)：146-149.

李涛，熊晓莉，李宁，等，2015. 有机废弃物养殖黄粉虫的研究进展[J]. 中国饲料 (11)：31-33，36.

李天宇，郑毅，解盼盼，等，2018. 7种菌糠及其青贮饲料的营养价值和发酵品质[J]. 中国畜牧杂志，54(1)：94-98.

李霞，张丹，沈飞，等，2017. 固定食用菌加工废弃物对废水中重金属 Cu^{2+} 的吸附性能[J]. 安全与环境学报，17(3)：1064-1069.

李向梅，刘琼波，白宏芬，等，2017. 块菌与板栗培育菌根苗技术探讨[J]. 中国食用菌，36(4)：32-34.

李新，王轶，汪兰，等，2016. 杏鲍菇菌糠全混合日粮对波尔山羊肉品质的影响[J]. 食品安全质量检测学报，7(9)：3623-3628.

李玉，2008. 中国食用菌产业现状及前瞻[J]. 吉林农业大学学报，30(4)：446-450.

李玉，2018. 中国食用菌产业发展现状、机遇和挑战：走中国特色菇业发展之路，实现食用菌产业强国之梦[J]. 菌物研究，16(3)：125-131.

李玉祥，谢涟琪，李惠君，1997. 香菇种间原生质体融合[J]. 南京农业大学学报，20(2)：58-62.

李长田，谭琦，边银丙，等，2019. 中国食用菌工厂化的现状与展望[J]. 菌物研究，17(1)：1-10.

李正鹏，余昌霞，黄建春，等，2016. 三种食用菌菌渣部分替代废棉栽培草菇[J]. 食用菌学报，23(1)：27-30.

李志刚，刘晓刚，李健，2012. 硫酸铵与鸡粪配比在含生物质炭育苗基质中的应用效果[J]. 中国土壤与肥料 (1)：83-88.

李智敏，胡镇修，朱作华，等，2012. 利用苎麻副产品栽培刺芹侧耳技术初步研究[J]. 食用菌学报，19(3)：49-53.

连永权，张颖，曾艳，2016. 茶树菇菌糠多糖提取物对肉鸡生长性能和免疫功能的影响[J]. 饲料博览 (2)：15-20.

梁枝荣，张清文，周志强，2002. 玉米秸秆栽培双孢蘑菇高新技术研究[J]. 中国食用菌，21(3)：11-13.

林群英，张锋伦，吴亮亮，等，2016. 蛹虫草及金针菇菌糠对杏鲍菇菌丝生长的影响[J]. 中国野生植物资源，35(1)：16-18.

林占熺，高怀宾，林辉，2004. 菌草灵芝、菌糠和中草药饲料添加剂防治仔猪肠炎的效果[J]. 福建农业大学学报(自然科学版)，31(1)：85-88.

林志斌，黄碧阳，林碧英，等，2017. 杏鲍菇菌渣在甜瓜育苗上的应用[J]. 亚热带农业研究，13(1)：36-40.

刘波，陈倩倩，陈峥，等，2017. 饲料微生物发酵床养猪设计与应用[J]. 家畜生态学报，38(1)：73-78.

刘超，徐谞，顾文文，等，2018. 典型畜禽粪便配伍食用菌菌渣堆肥研究[J]. 中国农学通报，34(21)：84-90.

刘经荣，石庆华，谢国强，等，2003. 草—牛—沼生态系统中养分的循环利用[J]. 江西农业大学学报(自然科学版)，25(1)：80-83.

刘晶，2016. 美丽乡村建设之农村产业绿色化研究：基于玛雅农场发展模式的可行性分析[J]. 现代经济信息 (12)：478.

刘景，林维雄，方桂友，等，2016. 环保型饲粮对生长猪生长性能和养分排泄量的影响[J]. 福建农业学报，31(4)：345-349.

刘景坤，吴松展，程汉亭，等，2019. 食用菌菌渣基质化利用研究进展[J]. 热带作物学报，40(1)：191-198.

刘军，刘斌，谢骏，2005. 生物修复技术在水产养殖中的应用[J]. 水利渔业，25(1)：63-65.

刘明香，林忠宁，陈敏健，等，2011. 茶枝屑代料栽培对灵芝生物转化率和质量的影响[J]. 福建农业学报，26(5)：742-746.

刘乃旭，2016. 搔菌与光质对杏鲍菇菌丝恢复和菇蕾数量影响的研究[D]. 长春：吉林农业大学.

刘朋虎，江枝和，雷锦桂，等，2014. 姬松茸新品种"福姬5号"[J]. 园艺学报，41(4)：807-808.

刘冉，董莎，姚志超，等，2018. 黑木耳菌糠有机肥的制备及肥效研究[J]. 东北农业科学，43(6)：20-24.

刘书楷，陈利根，曲福田，2004. 我国农业资源持续利用问题与对策[J]. 中国农业资源与区划，25(2)：1-4.

刘帅霞，2006. 城市污水处理厂污泥制砖的可行性研究[J]. 中原工学院学报，17(1)：47-49.

刘向东，董雪，隋欢，等，2016. 农作物废弃物制备生物炭的实验研究[J]. 佳木斯大学学报(自然科学版)，34(3)：330-332.

刘晓梅，邹亚杰，胡清秀，等，2015. 菌渣纤维素降解菌的筛选与鉴定[J]. 农业环境科学学报，34(7)：1384-1391.

刘莹莹，张坚，王红兵，等，2010. 不同菌糠酶活力测定及微生物菌种发酵效果比较[J]. 农业科技与信息 (3)：59-60.

刘宇，王兰青，王守现，等，2012. 棉柴栽培杏鲍菇试验[J]. 中国食用菌，31(3)：32-34，37.

刘玉明，吕春花，王亚杰，2017. 食用菌菌渣对盐潮土肥力的影响[J]. 安徽农业科学，45(2)：131-133.

刘泽松，史君彦，王清，等，2020. 辐照技术在果蔬贮藏保鲜中的应用研究进展[J]. 保鲜与加工，20(4)：236-242.

刘振波，高林朝，王滨杰，2008. 沼气的综合利用技术和发展前景[J]. 农业工程技术(新能源产业) (2)：34-36.

刘振东，李贵春，杨晓梅，等，2012. 我国农业废弃物资源化利用现状与发展趋势分析[J]. 安徽农业科学，40(26)：13068-13070，13076.

刘振钦，刘晓龙，李玉，2002. 香菇"9101"菌株选育研究报告[J]. 吉林农业大学学报，24(2)：18-22，41.

刘正慧，李丹，SOSSAH FREDERICK LEO，等，2018. 食用菌主要病原真菌和细菌[J]. 菌物研究，16(3)：158-163.

卢磊，李文玲，吴晓玲，等，2022. 食用菌菌糠综合利用现状[J]. 食用菌，44(5)：6-8,12.

卢敏，李玉，2005. 吉林省食用菌产业发展现状和战略分析[J]. 吉林农业大学学报，27(2)：229-232，236.

卢敏，李玉，2012. 中国食用菌产业发展新趋势[J]. 安徽农业科学，40 (5)：3121-3124，3127.

卢玉文，陈雪凤，2011. 利用桑枝栽培猴头菇技术研究[J]. 中国食用菌，30 (2)：25-26，30.

卢玉文，梁云，陈雪凤，等，2013. 适合桑枝栽培猴头菇优良菌株筛选试验[J]. 中国食用菌，32 (4)：20-22.

卢政辉，廖剑华，蔡志英，等，2016. 杏鲍菇菌渣循环栽培双孢蘑菇的配方优化[J]. 福建农业学报，31(7)：723-727.

鲁丽鑫，刘宏宇，姚方杰，等，2017. 食用菌遗传连锁图谱研究进展[J]. 菌物研究，15(2)：140-143.

陆鬼喆，2019. 食用菌主题生态休闲资源的旅游开发探析[J]. 中国食用菌，38(2)：84-87.

骆其金，陈蕾莹，林方敏，等，2018. 农村生活污水处理技术达标能力评估方法及案例研究[J]. 广东化工，45(4)：88-91.

马超，徐帆，王瑞，等，2020. 平菇复合保鲜剂筛选及其贮藏效果研究[J]. 食品科技，45(8)：242-247.

马庆芳，张丕奇，戴肖东，等，2009. 黑木耳 Au185 菌株一个 SCAR 标记的建立[J]. 菌物研究，7(2)：104-108，115.

马庆菊，2010. 食用菌菌糠的研究[J]. 中国畜禽种业，6(5)：148-151.

马孝琴，1998. 生物质压缩成型技术的研究现状及评价[J]. 资源节约和综合利用 (3)：39-42.

马月群，李洪，2017. 白灵菇运动饮料研制及其抗运动性疲劳功能研究[J]. 食品研究与开发，38(3)：109-113.

卯晓岚，2000. 中国大型真菌[M]. 郑州：河南科学技术出版社.

孟祥贤，张志光，卿志荣，2000. 金针菇担孢子原生质体制备条件的研究[J]. 生命科学研究，4(1)：48-52.

孟晓烨，2014. 辐照保鲜的果蔬安全问题[J]. 中国果菜 (5)：49.

苗人云，周洁，谭伟，等，2014. 金针菇栽培基质替代原料初步筛选研究[J]. 菌物学报，33(2)：411-424.

牛俊玲，2005. 堆肥中高效降解纤维素-林丹复合菌系的构建及应用[D]. 北京：中国农业大学.

农业部，2017. 全面推进农业绿色发展这场深刻革命[EB/OL]. (2017-10-19) [2022-06-17]. http://www.jhs.moa.gov.cn/zcjd/201904/t20190418_6181008.htm.

潘绍坤，鲁荣海，岳川，等，2017. 菌渣和牛粪发酵转化基质对茄子育苗效果的影响[J]. 长江蔬菜 (22)：10-12.

彭靖，2009. 对我国农业废弃资源化利用的思考[J]. 生态环境学报，18(2)：794-798.

彭荣，高媛，2007. 利用菌渣栽培草菇的试验[J]. 重庆工商大学学报(自然科学版)，24(3)：306-308，312.

彭世良，吴甫成，2001. 有机废弃物在生态农业中的多级循环利用[J]. 生态经济 (7)：66-68.

彭秀科，高淑敏，李洁，2011. 利用青海产不同农作物秸秆栽培金针菇的研究[J]. 安徽农业科学，39(31)：19143-19145.

蒲一涛，钟毅沪，周万龙，1999. 固氮菌和纤维素分解菌的混合培养及其对生活垃圾降解的影响[J]. 环境科学与技

术 (1)：15-18.

齐志广，董建新，朱正歌，2003. 玉米秸秆培养料栽培草菇试验[J]. 食用菌学报，10(3)：32-35.

渠继红，姜鲁，李珠，2019. 食用菌菌糠生物质建筑保温板性能研究[J]. 新型建筑材料，46(2)：105-108.

任艳，黄玉杰，张新建，等，2010. 高渗处理对根癌农杆菌介导转化平菇菌丝体的影响[J]. 食用菌学报，17(1)：
　　6-13.

阮成江，何祯祥，钦佩，2002. 中国植物遗传连锁图谱构建研究进展[J]. 西北植物学报，22(6)：1526-1536.

石祖梁，刘璐璐，王飞，等，2016. 我国农作物秸秆综合利用发展模式及政策建议[J]. 中国农业科技导报，18(6)：
　　16-22.

时连辉，张志国，刘登民，等，2008. 菇渣和泥炭基质理化特性比较及其调节[J]. 农业工程学报，24(4)：199-203.

史玉英，沈其荣，娄无忌，等，1996. 纤维素分解菌群的分离和筛选[J]. 南京农业大学学报，19(3)：59-62.

宋道军，姚建铭，邵春林，等，1999. 离子注入微生物产生"马鞍型"存活曲线的可能作用机制[J]. 核技术，22(3)：
　　129 -132.

宋冬灵，曾宪贤，吕杰，等，2007. 金针菇遗传育种研究进展[J]. 种子，26(5)：52-54.

宿红艳，王磊，明永飞，等，2008. ISSR 分子标记技术在金针菇菌株鉴别中的应用[J]. 生态学杂志，27(10)：1725-1728.

孙晨可，2018. "小麦秸秆—大球盖菇—白星花金龟"循环模式研究[D]. 泰安：山东农业大学.

孙成渤，李建国，赵冬艳，等，2017. 多级生物净化在封闭循环水养殖系统中的水质调控效果[J]. 水产科学，36(5)：
　　577-584.

孙伟仁，张平，赵德海，2018. 农产品流通产业供给侧结构性改革困境及对策[J]. 经济纵横 (6)：99-104.

孙晓红，陈明杰，汪虹，等，2010. 草菇 S-腺苷-L-高半胱氨酸水解酶基因的克隆和序列分析[J]. 食用菌学报，17(1)：
　　22-25.

孙致陆，李先德，2015. 贸易规模、贸易结构、贸易竞争力与中国谷物贸易变动：基于修正的 CMS 模型的实证分
　　析[J]. 国际经贸探索，21(5)：35-47.

覃宝山，覃勇荣，刘倩，等，2009. 板栗苞壳栽培的平菇和秀珍菇主要营养成分分析[J]. 贵州农业科学，37(12)：
　　81-83.

谭琦，潘迎捷，陈明杰，等，2000a. 香菇申香 10 号菌种的选育与推广[J]. 食用菌学报，7(3)：6-10.

谭琦，潘迎捷，黄为一，2000b. 中国香菇育种的发展历程[J]. 食用菌学报，7(4)：48-52.

谭伟，郑林用，彭卫红，2002. 食用菌人工驯化新品种：露水鸡枞菌选育研究[J]. 西南农业学报，15(2)：24-27.

谭著明，傅绍春，周小玲，等，2003. 菌根性食用菌栽培研究进展[J]. 食用菌学报，10(3)：56-63.

唐超，陈应龙，刘润进，2011. 菌根食用菌研究进展[J]. 菌物学报，30(3)：367-378.

唐龙翔，李文庆，2009. 有机肥对植物土传病害控制的研究[J]. 北方园艺 (7)：132-136.

田娟，赵顺才，何佳，2000. 用菌糠生产发酵饲料的研究[J]. 河南农业科学 (9)：31-32.

图力古尔，鲁铁，2017. 蕈菌基因组测序的进展[J]. 菌物研究，15(3)：151-165.

涂书新，韦朝阳，2004. 我国生物修复技术的现状与展望[J]. 地理科学进展(6)：20-32.

涂响，曾光明，陈桂秋，等，2006. 香菇培养基废料吸附水体中 Pb^{2+}[J]. 中国环境科学(Z1)：45-47.

万水霞，朱宏赋，李帆，等，2009. 利用秀珍菇菇渣栽培双孢蘑菇的试验[J]. 中国食用菌，28(4)：20-22.

王佰成，2014. 食用菌菌渣作为肥料研究现状分析[J]. 城市建设理论研究，4(18)：868-870.

王成己，李洁静，黄毅斌，2018. 农作物秸秆炭化还田—土壤改良技术研究与应用：以"三聚环保"模式为例[J]. 福
　　建农业科技 (10)：30-35.

王澄澈，梁枝荣，2000. 凤尾菇和香菇原生质体非对称融合[J]. 菌物系统，19(3)：413-415.

王冲，张林，张伦，2013. 茶枝代屑立体栽培灵芝研究[J]. 贵州农业科学，41(11)：30-33.

王德芝，周颖，2011. 板栗苞生物发酵栽培茶薪菇研究[J]. 北方园艺 (12)：152-153.

王红兵，蒋桂韬，张建华，2015. 食用菌菌糠在畜禽饲料中应用的研究进展[J]. 饲料与畜牧，12：30-33.

王建瑞，刘宇，鲁铁，等，2013. 利用荻枯茎栽培糙皮侧耳和美味扇菇[J]. 食用菌学报，20(4)：24-26.

王杰，钟武杰，2016. 食用菌产业专业化人才培养模式的探索[J]. 微生物学通报，43(7)：1612-1615.

王军，龙华，2019. 食用菌主题生态旅游区发展规划及建议[J]. 中国食用菌，38(12)：126-128.

王丽娜，吴波，丁国栋，等，2013. 金针菇菇脚对肉鸡生产性能及免疫功能的影响[J]. 菌物研究，11(2)：120-123.

王明友，宋卫东，吴今姬，等，2016. 中国食用菌生产装备发展现状与重点分析[J]. 江苏农业科学，44(12)：1-6.

王妮妮，2021. 食用菌糠循环利用现状分析[J]. 农业科技与装备 (1)：69-70.

王琴，2002. 辽东栎幼苗的外生菌根合成及其生理效应[D]. 哈尔滨：东北林业大学.

王寿兵，阮晓峰，胡欢，等，2007. 不同观赏植物在城市河道污水中的生长试验[J]. 中国环境科学，27(2)：204-207.

王岁楼，孙君社，王琼波，等，2007. 灵芝高静水压诱变及其漆酶发酵的研究[J]. 食品工业科技，28(5)：104-107.

王向华，刘培贵，于富强，2004. 云南野生商品蘑菇图鉴[M]. 昆明：云南科技出版社.

王晓敏，吕瑞娜，李长田，等，2020. 应用 SRAP、ISSR 和 TRAP 标记构建金针菇分子遗传连锁图谱[J]. 分子植物育种，18(13)：4377-4383.

王义祥，叶菁，肖生美，等，2015. 铺料厚度对双孢蘑菇栽培过程酶活性和 CO_2 排放的影响[J]. 农业环境科学学报，34(12)：2418-2425.

王永振，高辉，赵江，等，2014. 秸秆资源综合利用技术概述[J]. 环境工程(S1)：730-733.

王媛，李文庆，李晗灏，2019. 生物质炭与草炭混配基质的养分状况及其对凤仙花生长的影响[J]. 农业资源与环境学报，36(5)：656-663.

王泽生，廖剑华，陈美元，等，2001. 双孢蘑菇杂交菌株 As2796 家系的分子遗传研究[J]. 菌物系统，20(2)：233-237.

王泽生，廖剑华，陈美元，等，2012. 双孢蘑菇遗传育种和产业发展[J]. 食用菌学报，19(3)：1-14.

王璋保，2003. 对我国能源可持续发展战略问题的思考[J]. 工业加热，32(2)：1-5.

王志鹏，陈蕾，2019. 秸秆生物炭的研究进展[J]. 应用化工，48(2)：444-447.

卫智涛，周国英，胡清秀，2010. 食用菌菌渣利用研究现状[J]. 中国食用菌，29(5)：3-6，11.

魏湟，杨琼，罗宗礼，2016. 菌糠饲料的调制及其在畜牧业中的使用情况[J]. 湖南畜牧兽医(6)：40-42.

翁伯琦，黄秀声，林代炎，等，2013. 现代循环农业园区构建与关键技术研究：以福建省福清星源公司与渔溪农场为例[J]. 福建农业学报，28(11)：1123-1131.

翁伯琦，雷锦桂，江枝和，等，2008. 东南地区农田秸秆菌业现状分析及研究进展[J]. 中国农业科技导报，10(5)：24-30.

吴飞龙，叶美锋，吴晓梅，等，2017. 添加菌糠对猪粪渣堆肥过程及氨排放的影响[J]. 农业环境科学学报，36(3)：598-604.

吴楠，田风华，贾传文，等，2019. 混料设计优化红平菇菌丝生长的"以草代木"配方[J]. 微生物学通报，46(6)：1390-1403.

夏凤娜，邵满超，黄龙花，等，2011. 桉树木屑栽培食用菌[J]. 食用菌学报，18(3)：42-44.

夏敏，王丽，2005. 作物节木代料香菇与纯木屑代料香菇蛋白质营养比较研究[J]. 菌物学报，24(3)：436-440.

谢福泉，2010. 鸡腿菇工厂化栽培技术研究与示范[D]. 福州：福建农林大学.

熊晓莉，邵承斌，李宁，等，2013. 黄粉虫处理鸡粪[J]. 环境工程学报(11)：4564-4568.

徐溟，王红连，周群兰，等，2015. 微生物分步发酵法制备功能性高蛋白菌糠饲料的研究[J]. 饲料工业，36(10)：47-52.

徐建俊，李彪，马洁，等，2012. 苎麻全秆栽培平菇和秀珍菇的比较试验[J]. 中国食用菌，31(5)：63-64.

徐明高，2010. 利用废菌筒栽培双孢蘑菇高产技术初探[J]. 食用菌，32(3)：56.

徐向红，李志娟，2003. 城市污水处理工艺综述[J]. 新疆大学学报(自然科学版)，20(1)：109-112.

徐珍，尚晓冬，郭倩，等，2009. 早熟金针菇新品种 G1 的杂交选育[J]. 食用菌学报，16(4)：20-22.

徐志祥，李刚，李宝健，2004. 灰树花紫外诱变育种研究[J]. 中山大学学报(自然科学版)，43(2)：84-87.

许广波，傅伟杰，魏铁铮，等，2001. 双孢蘑菇的栽培现状及其研究进展[J]. 延边大学农学学报 (1)：69-72.

许晓燕，余梦瑶，罗霞，等，2008. 利用 AFLP 和 SRAP 标记分析 19 株毛木耳的遗传多样性[J]. 西南农业学报，21(1)：121-124.

薛令坤，张劲松，唐庆九，等，2017. 杏鲍菇多糖的超滤分离及其理化特性和生物活性分析[J]. 食品与生物技术学报，36(1)：74-79.

薛堂荣，陈昭蓉，卢世珩，等，1989. 菇渣沼气发酵中主要菌群数量变化与产气的关系[J]. 西南农业大学学报(自然科学版)，11(5)：482-484.

薛天凯，赵艳敏，林纪伟，等，2017. 正交设计优化平菇下脚料中麦角硫因的提取工艺[J]. 食品研究与开发，38(3)：40-45.

薛正莲，潘文洁，杨超英，2005. 采用 He-Ne 激光诱变选育速生高产茯苓菌[J]. 食品与发酵工业，31(2)：51-54.

严涛，李冠，曾宪贤，2007. N⁺离子注入技术选育猴头菌优良菌株[J]. 食品工业科技，28(3)：109-110，113.

杨诚，刘玉升，徐晓燕，等，2015. 白星花金龟幼虫对酵化玉米秸秆取食效果的研究[J]. 环境昆虫学报，37(1)：122-127.

杨荣荣，2014. 基于业态划分的我国休闲农业评价研究[D]. 哈尔滨：东北林业大学.

杨文静，2016. 绿色发展框架下精准扶贫新思考[J]. 青海社会科学 (3)：138-142.

杨修，章力建，李正，等，2005. 农业立体污染防治的生态学思考[J]. 生态学报，25(4)：904-909.

杨智，王华伟，沙涛，2016. 外生菌根真菌的研究进展[J]. 中国食用菌，35(1)：1-7.

尹昌斌，唐华俊，周颖，2006. 循环农业内涵、发展途径与政策建议[J]. 中国农业资源与区划，27(1)：4-8.

应正河，林衍铨，江晓凌，等，2014. 微生物发酵床养猪垫料对 5 种食用菌菌丝生长的影响[J]. 福建农业学报，29(10)：982-986.

应正河，林衍铨，马璐，等，2013. 不同光质光量对绣球菌菌丝生长及原基形成的影响[J]. 福建农业学报，28(6)：538-540.

余荣，周国英，刘君昂，2006. 双孢蘑菇设施化栽培的研究[J]. 中国食用菌，25(2)：9-12.

袁建生，2008. 利用农作物秸秆栽培姬松茸技术[J]. 食用菌 (2)：31-32.

曾国揆，谢建，尹芳，2005. 沼气发电技术及沼气燃料电池在我国的应用状况与前景[J]. 可再生能源(1)：38-40.

曾庆才，肖荣凤，刘波，等，2014. 以微生物发酵床养猪垫料为主要基质的哈茨木霉 FJAT-9040 固体发酵培养基优化[J]. 热带作物学报，35(4)：771-778.

曾宪贤，武宝山，吕杰，2006. 离子束生物技术在生命科学中的应用[J]. 核技术，29(2)：112-115.

曾振基，陈逸湘，凌宏通，等，2015. 食用菌菌糠生产有机肥研究[J]. 中国食用菌，34(2)：56-59.

张保安，陈春景，陈书珍，2012. 农作物秸秆栽培食用菌在发展循环农业中的重要作用及技术模式[J]. 河北农业科学，16(12)：65-71.

张斌，刘莹，王益，等，2015. 金针菇菌渣中多糖的微波辅助提取工艺及其抗氧化活性研究[J]. 天然产物研究与开发，27(1)：120-125，178.

张诚，陈柳萌，沈爱喜，等，2007. 金针菇菌丝航天诱变生物学效应的研究[J]. 湖南农业大学学报(自然科学版)(S1)：33-34.

张广杰，王倩，刘玉升，等，2019. 白星花金龟幼虫对不同酵化周期四种物料的转化力研究[J]. 山东农业大学学报(自然科学版)，50(5)：764-767，804.

张国庆，王贺祥，2011. 食用菌在京郊都市生态循环农业中的应用[J]. 中国食用菌，30(3)：59-61.

张金霞，2009. 中国食用菌产业科学与发展[M]. 北京：中国农业出版社.

张金霞，2014. 食用菌产业发展需要科学研究的强力支撑[J]. 菌物学报，33(2)：175-182.

张金霞，2015. "食用菌产量和品质形成的分子机理及调控"项目简介：食用菌产业发展与技术创新的科学基础[J]. 菌物学报，34(4)：511-523.

张金霞，陈强，黄晨阳，等，2015. 食用菌产业发展历史、现状与趋势 [J]. 菌物学报，34(4)：524-540.

张金霞，黄晨阳，范小克，2008. 我国食用菌产业的多功能性浅析[J]. 中国农业资源与区划，29(3)：33-35.

张金霞，黄晨阳，张瑞颖，等，2004. 中国栽培白灵侧耳的 RAPD 和 IGS 分析[J]. 菌物学报，23(4)：514-519.

张军，2013. 温室环境系统智能集成建模与智能集成节能优化控制[D]. 上海：上海大学.

张俊飚，李波，2012. 对我国食用菌产业发展的现状与政策思考[J]. 华中农业大学学报(社会科学版)(5)：13-21.

张乐，王赵改，李鹏，等，2017. 提取方法对金针菇菌根蛋白特性的影响[J]. 中国食品学报，17(4)：89-97.

张立，2014. 随州食用菌产业对农户收益影响研究[D]. 南京：南京林业大学.

张美彦，鲍大鹏，陈明杰，等，2009. 香菇编码线粒体中间肽酶 le-mip 基因及其紧密连锁基因的克隆[J]. 食用菌学报，16(2)：21-29.

张丕奇，刘佳宁，孔祥辉，2011. 沙棘果渣栽培木耳生产工艺及产品营养成分分析[J]. 东北林业大学学报，39(5)：123-124.

张平，郑志安，赵祖松颖，2017. 我国食用菌产业发展变化及对策分析[J]. 北方园艺 (22)：167-174.

张倩，2015. 取食平菇菌糠的白星花金龟生物学研究[D]. 泰安：山东农业大学.

张全国，沈胜强，杨世关，等，2003. 以沼气为纽带的中部地区生态果园能量平衡研究[J]. 太阳能学报，24(6)：765-770.

张瑞颖，胡丹丹，左雪梅，等，2011. 分子标记技术在食用菌遗传育种中的应用[J]. 中国食用菌，30(1)：3-7.

张瑞颖，郭德章，林原，等，2012. 棉杆替代棉籽壳栽培柱状田头菇、秀珍菇[J]. 食用菌学报，19(4)：31-34.

张维瑞，刘盛荣，苏贵平，等，2017. 金针菇松杉木屑菌糠栽培猴头菇的技术研究[J]. 热带作物学报，38(4)：597-601.

张文超，谭寒冰，2019. 福建古田食用菌产业对区域经济的促进作用研究[J]. 中国食用菌，38(4)：65-68，77.

张羡，楼坚，苏佳雯，等，2019. 秀珍菇菌糠制备生物炭及理化性质研究[J]. 浙江科技学院学报，31(1)：50-57.

张亚丽，张娟，沈其荣，等，2002. 秸秆生物有机肥的施用对土壤供氮能力的影响[J]. 应用生态学报，13(12)：1575-1578.

张宜辉，尹文兵，2015. 菌糠的营养特性及其在动物日粮中的应用[J]. 饲料博览(11)：32-34.

张勇，陈宇鹏，权秋梅，等，2019. 畜禽粪添加对菌糠堆肥过程中酶活性的影响[J]. 地球环境学报，10(4)：406-418.

张云茹，富继虎，唐国发，等，2013. 柑橘皮渣栽培平菇及其营养安全评估[J]. 食品与发酵工业，39(12)：140-144.

赵荷娟，魏启舜，王琳，等，2014. 双孢蘑菇菌糠基质对架式栽培草莓生长和果实品质的影响[J]. 江苏农业科学，42(4)：120-121.

赵丽珍，刘振钦，1996. 香菇代谢产物对大豆增产作用的研究[J]. 大豆科学 (1)：80-83.

赵亮，穆月英，2012. 东亚 "10+3" 国家农产品国际竞争力分解及比较研究：基于分类农产品的 CMS 模型[J]. 国际贸易问题 (4)：59-72.

郑丹，王轶，赵春霞，等，2016. 利用高温发酵菌糠研制水稻育秧基质[J]. 中国农业大学学报，21(10)：23-29.

郑微，2014. 培养温度对杏鲍菇生长发育的影响及生理效应研究[D]. 长春：吉林农业大学.

钟顺昌，MILLER M，谭琦，等，2019. 谷粒菌种发明 86 周年：双孢蘑菇现代化商业栽培回顾[J]. 食用菌学报，26 (1)：77-98.

钟珍梅，宋亚娜，黄秀声，等，2016. 沼液对狼尾草地土壤微生物群落的影响[J]. 草地学报，24(1)：54-60.

周建林，何伯伟，黄良水，等，2010. 金针菇新品种菌株选育及应用[J]. 中国食用菌，29(3)：15-17.

周帅，王宏勋，吴疆鄂，等，2006. 玉米皮药用真菌发酵综合利用初步研究[J]. 食品工业科技，27(4)：52-54.

周伟，邓良基，贾凡凡，等，2017. 基于土壤重金属风险和经济效益的双孢蘑菇菌渣还田量估[J]. 农业环境科学学报，36(3)：507-514.

周颖，尹昌斌，2009. 北京市房山区循环农业实践模式研究[J]. 北京农业职业学院学报，23(1): 26-29.

朱凤连，马友华，周静，等，2008. 我国畜禽粪便污染和利用现状分析[J]. 安徽农学通报，14(13)：12，48-50.

朱琳，王向誉，聂磊，等，2018. 黄粉虫的主要功能成分及其应用研究进展[J]. 安徽农业科学，46(3)：10-12，14.

朱留刚，孙君，张文锦，2018. 食用菌产业有机副产物综合利用研究进展[J]. 福建农业学报，33(7)：760-766.

朱乾宇，马九杰，2013. 参与式自组织制度安排与社区发展基金有效运行：对陕西省白水县 CDF 项目的案例分析[J]. 中国农村观察 (4)：42-51，59，95.

朱育菁，刘波，陈峥，等，2016. 福建芽孢杆菌资源保藏中心的建设与管理[J]. 福建农业科技，47(8)：74-76.

庄海宁，张劲松，冯涛，等，2015. 我国食用菌保健食品的发展现状与政策建议[J]. 食用菌学报，22(3)：85-90.

ASADA C, ASAKAWA A, SASAKI C, et al., 2011. Characterization of the steam-exploded spent Shiitake mushroom medium and its efficient conversion to ethanol[J]. Bioresource Technology, 102(21): 10052-10056.

BOTSTEIN D, WHITE R L, SKOLNICK M, et al., 1980. Construction of a genetic linkage map in man using restriction fragment length polymorphisms[J]. American Journal of Human Genetics, 32(3): 314-331.

BUENO F S, ROMUC A, WACH M, et al., 2008. Variability in commercial and wild isolates of *Agaricus* species in Brazil[J]. Mushroom Science (17): 135-148.

BUSWELL J A, 1994. Potential of SMS for bioremediation purposes[J]. Compost Sci & Util, 2(3): 31-36.

CASTLE A J, HORGEN P A, ANDERSON J B, 1987. Restriction fragment length poly-morphisms in the mushrooms *Agaricus brunnescens* and *Agaricus bitorquis*[J]. Applied and Environmental Microbiology, 53(4): 816-822.

CAYUELA M L, MILLNER P D, MEYER S L, et al., 2008. Potential of olive mill waste and compost as biobased pesticides against weeds, fungi, and nematodes[J]. Science of the Total Environment, 399(1-3): 11-18.

CHANG S T, WASSER S P, 2012. The role of culinary-medicinal mushroom on human welfare with a pyramid model for human health[J]. International Journal of Medicinal Mushrooms, 14(2): 95-134.

CHEN Y L, KANG L H, DELL B, 2004. Some useful macrofungi from Liuxihe National Forest Park, Guangzhou, China[J]. Chinese Forest Science and Technology, 3(4): 35-42.

CHIU S W, CHEN M, CHANG S T, 1995. Differentiating homothallic *Volvariella* mushrooms by RFLPs and AP-PCR[J]. Mycological Research, 99(3): 333-336.

CHONG C, RINKER D L, 1994. Use of spent mushroom substrates for growing containerized woody ornamentals: An overview[J]. Compost Sci & Util, 2: 45 -53.

DANELL E, CAMACHO F J, 1997. Successful cultivation of the golden chanterelle[J]. Nature, 385(6614): 303.

DAS D, VIMALA R, DAS N, 2015. Removal of Ag(I) and Zn(II) ions from single and binary solution using sulfonated form of gum arabic-powdered mushroom composite hollow semispheres: Equilibrium, kinetic, thermodynamic and ex-situ studies[J]. Ecological engineering (75): 116-122.

DENG J, LI F, DUAN T Y, 2020. *Claroideoglomus etunicatum* reduces leaf spot incidence and improves drought stress resistance in perennial ryegrass[J]. Australasian Plant Pathology, 49(2): 147-157.

EL H G, 1983. Utilization of Egyptian rice straw in production of celluloses and microbial protein: Effect of various pretreatments on yields of protein and enzyme activity[J]. Sci Food Agric, 34(7): 725-732.

FAN L, PAN H, SOCCOL A T, et al., 2006. Advances in mushroom research in the last decade[J]. Food Technology and Biotechnology, 44(3): 303-311.

FAN R Q, LUO J, YAN S H, et al., 2015. Effects of biochar and super absorbent polymer on substrate properties and water spinach growth[J]. Pedosphere, 25(5): 737-748.

FOULONGNE-ORIOL M, SPATARO C, CATHALOT V, et al., 2010. An expanded genetic linkage map of an intervarietal *Agaricus bisporus* var. *bisporus* ×A. *bisporus* var. burnettii hybrid based on AFLP，SSR and CAPS markers sheds light on the recombination behaviour of the species[J]. Fungal Genetics and Biology (47): 226-236.

FRITSCHE G, 1972. Beispiel der wirkung der einsporkulturauslese als züchterische methode beim kulturchampignon[J]. Theor Appl Genet, 42(2): 62-4.

FRITSCHE G, 1981. Some remarks on the breeding and maintenance of strains and spawn of *Agaricus bisporus* and *Agaricus bitorquis*[C]//Proc 11th Int Sci Congr Cultivation of Edible Fungi: 367-385.

FRITSCHE G, 1991. Maintenance, rejuvenation and improvement of HORST-U1[C]//Proceedings of the Intemational seminalon Mushroom Science, Horst, The Netherlands: 145-153.

FU L Z, ZHANG H Y, WU X Q, et al., 2010. Evaluation of genetic diversity in *Lentinula edodes* strains using RAPD，ISSR and SRAP markers[J]. World Journal of Microbiology and Biotechnology(26): 709-716.

GAO P, HIRANO T, CHEN Z Q, et al., 2011. Isolation and identification of C-19 fatty acids with anti-tumor activity from the spores of *Ganoderma lucidum* (reishi mushroom)[J]. Fitoterapia, 83(3): 490-499.

GAO Y, DENG X G, SUN Q N, et al., 2010. Ganoderma spore lipid in-hibits N-methyl-N-nitrosourea-induced retinal photoreceptor apoptosis in vivo [J]. Experimental Eye Research, 90(3): 397-404.

GROTE B, 2016. Bioremediation of aquaculture wastewater: Evaluating the prospects of the red alga *Palmaria palmata* (Rhodophyta) for nitrogen uptake[J]. Journal of Applied Phycology, 28(5): 3075-3082.

GU B J, FAN L C, YING Z C, et al., 2016. Socioeconomic constraints on the technological choices in rural sewage treatment[J]. Environmental Science and Pollution Research, 23(20): 20360-20367.

GUAN X J, XU L, SHAO Y C, et al., 2008. Differentiation of commercial strains of *Agaricus* species in China with inter-simple sequence repeat marker[J]. World Journal of Microbiology and Biotechnology, 24(8): 1617-1622.

HOLLADAY J D, HU J, KING D L, et al., 2009. An overview of hydrogen production technologies[J]. Catalysis Today, 139(4): 244-260.

HU J G, VICK B A, 2003. Target region amplification polymorphism: A novel marker technique for plant genotyping[J]. Plant Molecular Biology Reporter, 21(3): 289-294.

JI K P, CAO Y, ZHANG C X, et al., 2011. Cultivation of *Phlebopus portentosus* in southern China[J]. Mycological Progress, 10(3): 293-300.

KATAOKA R, FUTAI K, 2009. A new mycorrhizal helper bacterium, Ralstonia species, in the ectomycorrhizal symbiosis between *Pinus thunbergii* and *Suillus granulatus*[J]. Biological Fertility Soils (45): 315-320.

KATAOKA R, TANIGUCHI T, FUTAI K, 2009. Fungal selectivity of two mycorrhiza helper bacteria on five mycorrhizal fungi associated with *Pinus thunbergii*[J]. World Journal of Microbiology and Biotechnology (25): 1815-1819.

KHUSH R S, BECKER E, WACH M, 1992. DNA amplification polymorphisms of the cultivated mushroom *Agaricus bisporus*[J]. Applied and Environmental Microbiology, 58(9): 2971-2977.

KNEEBONE L R, PATTON P G, SCHUL P G, 1976. Improvement of the brown variety of *Agaricus bisporus* by single spore selection[J]. Mush Sci (9): 237-243.

LABB J, ZHANG X, YIN T, et al., 2008. A genetic linkage map for the ectom-ycorrhizal fungus *Laccaria bicolor* and its alignment to the whole-genome sequence assemblies [J]. New Phytologist, 180(2): 316-328.

LAMERS P, JUNGINGER M, HAMELINCK C, et al., 2012. Developments in international solid biofuel trade: An analysis of volumes, policies, and market factors[J]. Renewable and Sustainable Energy Reviews, 16(5): 3176-3199.

LAU K L, TSANG Y Y, CHIU S W, 2003. Use of spent mushroom compost to bioremediate PAH-contaminated samples[J]. Chemosphere, 52(9): 1539-1546.

LAW W M, LAU WN, LO K L, et al., 2003. Removal of biocide pentachlorophenol in water system by the spent mushroom compost of *Pleurotus pulmonarius*[J]. Chemosphere (52): 1531-1537.

LEE Y K, CHANG H H, KIM J S, et al., 2000. Lignocellulolytic mutants of Pleurotus ostreatus induced by gamma-ray radiation and their genetic similarities[J]. Radiation Physics and Chemistry, 57(2): 145-150.

LI G, QUIROS C F, 2001. Sequence-related amplified polymorphism (SRAP), a new marker system based on a simple PCR reaction: Its application to mapping and gene tagging in Brassica[J]. Theoretical and Applied Genetics, 103(2): 455-461.

LI H B, WU X Q, PENG H Z, et al., 2008. New available SCAR markers: Potentially useful in distinguishing a commercial strain of the superior type from other strains of *Lentinula edodes* in China[J]. Applied Microbiology and Biotechnology, 81(2): 303-309.

LIU H T, LI J, LI X, et al., 2015. Mitigating greenhouse gas emissions through replacement of chemical fertilizer with organic manure in a temperate farm land[J]. Science Bulletin, 60(6): 598-606.

MA Y H, WANG Q H, SUN X H, et al., 2014. A study on recycling of spent mushroom substrate to prepare chars and activated carbon[J]. Bioresources, 9(3): 3939-3954.

MAHER M J, 1994. The use of spent mushroom substrate (SMS) as an organic manure and plant substrate component[J]. Compost Sci & Util (2): 37-44.

MAHMUD M D A, KITAURA H, FUKUDA M, et al., 2007. AFLP analysis for examining genetic differences in cultivated strains and their single-spore isolates and for confirming successful crosses in *Agaricus blazei*[J]. The Mycological Society of Japan and Springer (48): 297-304.

MAHMUDUL ISLAM NAZRUL, BIAN YIN-BING, 2010. ISSR as new markers for identification of Homokaryotic Protoclones of *Agaricus bisporus*[J]. Current Microbiology (60): 92-98.

MARIE F O, SPATARO C, SAVOIE J M, 2009. Novel microsatellite markers suitable for genetic studies in the white button mushroom *Agaricus bis-porus*[J]. Applied Microbiology and Biotechnology, 84(6): 1125-1135.

MASAHIDE SUNAGAWA, YUMI MAGAE, 2002. Transformation of the edible mushroom *Pleurotus ostreatus* by particle bombardment[J]. FEMS Microbiology Letters, 211(2): 143-146.

MEDINA E, PAREDES C, PEREZMURCIA M D, et al., 2009. Spent mushroom substrates as component of growing media for germination and growth of horticultural plants[J]. Bioresource Technology, 100(18): 4227-4232.

MOORE A J, CHALLEN M P, WARNER P J, et al., 2001. RAPD discrimination of *Agaricus bisporus* mushroom cultivars[J]. Applied Microbiology and Biotechnology, 55(6): 742-749.

NAKAMURA Y, LEPPERT M, O'CONNELL P, et al., 1987. Variable number of tandem repeat (VNTR) markers for human gene mapping[J]. Science, 235(4796): 1616-1622.

PARAN I, MICHELMORE R W, 1993. Development of reliable PCR-based markers linked to downy mildew resistance genes in lettuce[J]. Theoretical and Applied Genetics, 85(8): 985-993.

PARLADÉ J, PERA J, LUQUE J, 2004. Evaluation of mycelial inocula of edible *Lactarius* species for the production of *Pinus pinaster* and *P. sylvestris* mycorrhizal seedlings under greenhouse conditions[J]. Mycorrhiza, 14(3): 171-175.

POOPATHI S, ABIDHA S, 2007. Use of feather-based culture media for the production of mosquitocidal bacteria[J]. Biological Control, 43(l): 49-55.

PRUETT G E, BRUHN J N, MIHAIL J D, 2008. Colonization of pedunculate oak by the burgundy truffle fungus is greater with natural than with pelletized lime[J]. Agroforestry Systems, 72(1): 41-50.

RAGINI B, PADMA V, BISARIA V S, 1990. Utilization of spent agro-residues from mushroom cultivation for biogas production[J]. Applied Microbiology and Biotechnology (33): 607-609.

RAMREZ L, MUEZ V, ALFONSO M, et al., 2001. Use of molecular markers to differentiate between commercial strains of the button mushroom *Agaricus bisporus*[J]. FEMS Microbiology Letters, 198(1): 45-48.

SANMEE R, LUMYONG P, DELL B, et al., 2010. In vitro cultivation and fruit body formation of the black bolete, *Phlebopus portentosus*, a popular edible ectomycorrhizal fungus in Thailand[J]. Mycoscience, 51(1): 15-22.

SHI X S, YUAN X Z, WANG Y P, et al., 2014. Modeling of the methane production and pH value during the anaerobic co-digestion of dairy manure and spent mushroom substrate[J]. Chemical Engineering Journal (244): 258-263.

SONG X C, LIU M Q, WU D, et al., 2014. Heavy metal and nutrient changes during verm I composting animal manure spiked with mushroom residues[J]. Waste Management, 34(11): 1977-1983.

STANIASZEK M, MARCZEWSKI W, SZUDYGA K, et al., 2002. Genetic relationship between polish and Chinese strains of the mushroom *Agaricus bisporus* (Lange) Sing., determined by the RAPD method[J]. Journal of Applied Genetics, 43(1): 43-48.

STROM P F, 1985. Effect of temperature on bacterial species diversity in thermophilic solid-waste composting[J]. Applied and Environmental Microbiology, 50(4): 899-905.

SUN S J, GAO W, LIN S Q, et al., 2006. Analysis of genetic diversity in Gano-derma population with a novel molecular marker SRAP[J]. Applied Microbiology and Biotechnology, 72(3): 537-543.

TERASHIMA K, MATSUMOTO T, HASEBE K, et al., 2002. Genetic diversity and strain-typing in cultivated strains of *Lentinula edodes* (the shiitake mushroom) in Japan by AFLP analysis[J]. Mycological Research, 106(1): 34-39.

TOKIMOTO K, FUKUDA M, MATSUMOTO T, et al., 1998. Variation of fruiting body productivity in protoplast fusants between compatible monokaryons of *Lentinula edodes*[J]. Journal of Wood Science (44): 469-472.

TOPTAS A, DEMIEREGE S, MAVIOGLU A E, et al., 2014. Spent mushroom compost as biosorbent for dye biosorption[J]. Clean Soil, Air Water, 42(12): 1721-1728.

TSAOIR S M, MANSFIELD J, 2000. The potential for spent mushroom compost as a mulch for weed control in Bramley orchards[J]. Acta Horticulturae, 427-429.

VAARIO L M, PENNANEN T, SARJALA T, et al., 2010. Ectomycorrhization of *Tricholoma* matsutake and two major conifers in Finland: An assessment of in vitro mycorrhiza formation[J]. Mycorrhiza, 20(7): 511-518.

VOS P, HOGERS R, BLEEKER M, et al., 1995. AFLP: A new technique for DNA fingerprinting[J]. Nucleic Acids Research, 23(21): 4407-4414.

WANG J H, ZHOU Y J, ZHANG M, et al., 2012. Active lipids of *Ganoderma lucidum* spores-induced apoptosis in human leukemia THP-1 cells via MAPK and P13k pathways[J]. Journal of Ethnopharmacology, 139(2): 582-589.

WANG J, GUO L Q, ZHANG K, et al., 2008. Highly efficient agrobacterium-mediated transformation of *Volvariella volvacea*[J]. Bioresource Technology, 99(17): 8524-8527.

WANG Y Y, YIN Q S, QU Y, et al., 2018. Arbuscular mycorrhiza mediated resistance in tomato against *Cladosporium fulvum*-induced mould disease[J]. Journal of Phytopathology, 166(1): 67-74.

WANG Z S, LIAO J H, LI F G, et al., 1995. Studies on breeding hybrid strain AS2796 of *Agaricus bisporus* for canning in China[J]. Mushroom Science, 14: 71-79.

WELSH J, MCCLELLAND M, 1991. Fingerprinting genomes using PCR with arbitrary primers[J]. Nucleic Acids Research, 18(24): 7213-7218.

WILLIAMS J G K, KUBELIK A R, LIVAK K J, et al., 1990. DNA polymorphisms amplified by arbitrary primers are useful as genetic markers[J]. Nucleic Acids Research, 18(22): 6531-6535.

XU J P, GUO H, YANG Z L, 2007. Single nucleotide polymorphisms in the ectomycorrhizal mushroom *Tricholoma matsutake*[J]. Microbiology, 153(7): 2002-2012.

YAMADA A, KOBAYASHI H, MURATA H, et al., 2009. In vitro ectomycorrhizal specificity between the Asian redpine *Pinus densiflora* and *Tricholoma matsutake* and allied species from worldwide pinaceae and Fagaceae forests[J]. Mycorrhiza, 20(5): 333-339.

YU X F, GUO L, JIANG G M, et al., 2018. Advances of organic products over conventional productions with respect to nutritional quality and food security[J]. Acta Ecologica Sinica, 38(1): 53-60.

ZHANG P Y, ZHANG G M, WANG W, 2007a. Ultrasonic treatment of biological sludge: Floc disintegration, cell lysis and inactivation[J]. Bioresource Technology, 98(1): 207-210.

ZHANG R, HUANG C, ZHENG S, et al., 2007b. Strain-typing of *Lentinula edodes* in China with inter simple sequence repeat markers[J]. Applied Microbiology and Biotechnology, 74(1): 140-145.

ZHAO F Y, LIN J F, ZENG X L, et al., 2010. Improvement in fruiting body yield by introduction of the *Ampullaria crossean* multifunctional cellulose gene into *Volvariella volvacea*[J]. Bioresource Technology, 101(16): 6482-6486.

ZIETKIEWICZ E, RAFALSKI A, LABUDA D, 1994. Genome fingerprinting by simple sequence repeat (SSR): Anchored polymerase chain reaction amplification[J]. Genomics, 20(2): 176-183.

索　引